# Raspberry Pi + AI 電子工作 超入門
ラズベリー・パイ

吉田顕一 著

本文中に登場する商品の名称は、すべて関係各社の商標または登録商標であることを明記して本文中での表記を省略させていただきます。

本書に掲載されている説明およびサンプルを運用して得られた結果について、筆者および株式会社ソーテック社は一切責任を負いません。個人の責任の範囲内にて実行してください。

本書に記載されているURL等は予告なく変更される場合がありますので、あらかじめご了承ください。

本書の操作および内容によって生じた損害および本書の内容に基づく運用の結果生じた損害につきましては一切当社は責任を負いませんので、あらかじめご了承ください。また、本書の制作にあたり、正確な記述に努めておりますが、内容に誤りや不正確な記述がある場合も、当社は一切責任を負いません。

本書の内容は執筆時点においての情報であり、予告なく内容が変更されることがあります。特に電子部品に関しては、生産終了などによって取り扱いが無くなることが予想されますので、あくまで執筆時点の参考情報であることをご了承ください。また、システム環境、ハードウェア環境によっては本書どおりに動作および操作できない場合がありますので、ご了承ください。

# はじめに

「メイカームーブメント」という言葉をご存知でしょうか。2010年にマーク・アンドリーセン氏の「MAKERS」という書籍で紹介された、ものづくりの1つの形態です。いわゆる大企業の製造業者（メーカー）ではなく、個人が「メイカー」として、ハードウェアとソフトウェアをミックスして様々なものを作るようになった、そんな潮流です。そしてIoT（Internet of Things、モノのインターネット化）の隆盛・進展もそれに拍車をかけています。

それらの中心的存在となるのが、手の平サイズのシングルボードコンピュータ「Raspberry Pi」です。Raspberry Piは2012年に、イギリスのRaspberry Pi Fundation（ラズベリーパイ財団）により作られました。

一方、2015年にGoogleが「AIで大量の写真から猫を認識できるようになった」と発表して「AI（Artificial Intelligence、人工知能）」への注目が一気に高まりました。当時、筆者もその凄さがすぐには理解できませんでしたが、GoogleがAIを使ったGoogle画像検索や翻訳を進化させ、AIがぐっと身近なものになってきました。その後のAIについての話題は、毎日のニュースなどで事欠かない状況です。そして、GoogleやAmazonなどが自社リソースを最大限に活用したAIを、APIやライブラリという形で外部にオープンな形で公開し始めます。

そのようなオープンなAIがRaspberry Piに対応されたお陰で、個人メイカーでもハードとAIを組み合わせて、驚くような機能を安価に簡単に作れるようになりました。なんて素敵な時代でしょう。個人の力、技術力が、世の中に大きな影響を与えるようになったのです。

その反面、「将来AIに仕事が奪われる」あるいは「AIさえあれば何でもできる」という根拠に乏しい話が飛び交うようにもなっています。それは本当でしょうか。ここはやはり自分で見て、触ってみないと、その凄さも脅威も分かりません。

本書では、そんなRaspberry PiとAIのAPIやライブラリを組み合わせて、作って楽しい電子工作を行なっていきたいと思います。Raspberry Piにカメラをつけることで「目」の役割を、マイクとスピーカーで「耳」や「口」の役割をさせます。そこに「脳」としてのAIを加えることで、ロボットのようなものを作れます。また、自動で議事録を作ってくれる機械や、撮影したものを判別するAIカメラまで作ります。

実際に手を動かしてハンダ付けしたり、コードを書きながら工作することで、IoTやAIの導入部分を体感できるのではないかと思います。何か革新的な事が眼前で起きている、それを間近に感じられるでしょう。そして自作しながら、更に想像力を飛躍させて、自分なりのAI電子工作で作品を作っていってもらえたら、と思います。

ニュースで見聞きする魔法のようなことが、今自分の目の前で起きていると思うと、AI技術は恐れるものではなく、自分で作って行くものだということが実感できるはずです。まさに、自分の人生や世界を作っていけるメイカーになれるのではないでしょうか！

Make It Yourself! Make AI Yourself!（自分で作ろう！ AIを自分のものに！）

2019年11月
吉田顕一

# CONTENTS

はじめに ……………………………………………………………………………… 3
CONTENTS ………………………………………………………………………… 4

## Chapter 1　Raspberry PiとAI ……………………………………… 9

Section 1-1　Raspberry Piとは ………………………………………… 10
Section 1-2　Raspberry PiとAI …………………………………………… 15
Section 1-3　Raspberry PiとAI電子工作で必要な部品 ……………… 22

## Chapter 2　Raspberry Piの準備 ………………………………… 29

Section 2-1　Raspberry PiのOS（Raspbian）をインストールする …… 30
Section 2-2　Raspberry Piの基本設定、操作 ………………………… 37
Section 2-3　Raspberry Piへの接続方法と使い方 …………………… 58

## Chapter 3　Raspberry Piでのプログラミングと インターフェース ……………………………………………… 71

Section 3-1　Raspberry Piの基本的コマンド操作 …………………… 72
Section 3-2　Raspberry Piでのプログラミングの基本 ……………… 78
Section 3-3　Raspberry Piのインターフェース ……………………… 83

## Chapter 4　Raspberry Piでの電子工作の基本 ..... 99

| Section 4-1 | Raspberry Piで「Lチカ」 ..... 100 |
| Section 4-2 | Raspberry Piでスイッチを扱う ..... 106 |
| Section 4-3 | Raspberry Piでスピーカーを扱う ..... 115 |
| Section 4-4 | USBマイクを使って録音、スピーカーとの連動 ..... 124 |

## Chapter 5　AIスマートスピーカーを自作してみよう ..... 133

| Section 5-1 | スマートスピーカーとは ..... 134 |
| Section 5-2 | Google Assistant APIの設定 ..... 141 |
| Section 5-3 | Assistant SDK（Python）のRaspberry Piへのインストール ..... 151 |
| Section 5-4 | スマートスピーカーのハードウェアを作成する ..... 157 |
| Section 5-5 | 自作スマートスピーカーを使ってみよう ..... 165 |
| Section 5-6 | スマートスピーカーのカスタマイズ ..... 171 |

## Chapter 6　声で操作して、動くロボットを作ろう！ ..... 177

| Section 6-1 | 音声操作ロボットを作る ..... 178 |
| Section 6-2 | ロボットを動かすモーターの仕組み ..... 180 |
| Section 6-3 | 音声とハードウェアの連携（Google Assistantの拡張機能） ..... 189 |
| Section 6-4 | キャタピラ付きロボット・ボディを作る ..... 204 |
| Section 6-5 | 音声で動くロボットの完成 ..... 214 |

## Chapter 7　自動議事録機を作ろう！ ..... 223

| Section 7-1 | 自動議事録機を作る ..... 224 |
| Section 7-2 | 発話文字起こし「Speech to Text（STT）」の設定 ..... 227 |
| Section 7-3 | 人工音声「Text to Speech（TTS）」の設定 ..... 235 |
| Section 7-4 | 議事録の自動作成とメール送信 ..... 241 |
| Section 7-5 | 自動議事録機デバイスの作成 ..... 251 |

## Chapter 8　AIカメラを作ろう！ ..... 267

| Section 8-1 | AIカメラを作る ..... 268 |
| Section 8-2 | 画像認識Google Visionの設定 ..... 271 |
| Section 8-3 | 翻訳機能Google Translateの設定 ..... 281 |
| Section 8-4 | カメラのプログラム作成 ..... 287 |
| Section 8-5 | AIカメラの完成 ..... 300 |

INDEX ..... 317

おわりに ..... 319

## 本書の使い方

本書の使い方について解説します。本文中で紹介しているサンプルプログラムや設定ファイルの場所、また配線図の見方などについても紹介します。

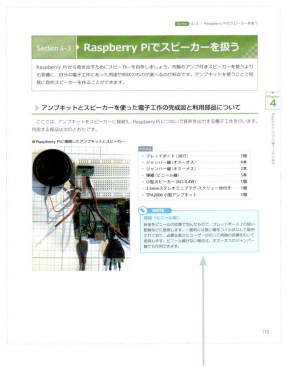

プログラムコードで特に解説するべき箇所には丸数字（①②など）を記載し、本文中で対応する番号の箇所について解説します。

注意すべき点やTIPS的情報などを「NOTE」という囲み記事で適宜解説しています。

● プログラムなどのファイル名や改行に関する見方

```
                                              switch_speaker.py
# -*- coding: utf-8 -*-
import time
import RPi.GPIO as GPIO
import os  ①

LED    = 16
BUTTON = 20
GPIO.setmode(GPIO.BCM)
GPIO.setup(LED, GPIO.OUT)
GPIO.setup(BUTTON, GPIO.IN, ↩
pull_up_down=GPIO.PUD_DOWN)  ②
GPIO.add_event_detect(BUTTON,GPIO.FALLING)
```

サンプルプログラムや設定ファイルなどの編集をする場合は、ここにファイル名を記載しています。サポートページ（p.320参照）でダウンロード提供する場合は、このファイル名で収録します。

紙面の都合上、一行で表示できないプログラムに関しては、行末に ↩ を付けて、次の行と論理的に同じ行であることを表しています。

7

● ブレッドボードやRaspberry Piなどの配線図の見方

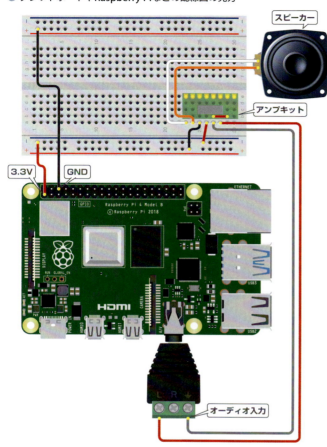

ブレッドボード上やRaspberry PiのGPIO端子などに電子部品を接続する配線図のイラストでは、端子を挿入して利用する箇所を黄色の点で表現しています。自作の際の参考にしてください

> **注意事項**
>
> - 本書の内容は2019年11月の原稿執筆時点での情報であり、予告なく変更されることがあります。特に電子部品に関しては、生産終了などによって取り扱いが無くなることが予想されますので、あくまで執筆時点の参考情報であることをご了承ください。また、本書に記載されたソフトウェアのバージョン、ハードウェアのリビジョン、URL、それにともなう画面イメージなどは原稿執筆時点のものであり、予告なく変更される場合があります。
> - 本書の内容の操作によって生じた損害、および本書の内容に基づく運用の結果生じたいかなる損害につきましても著者および監修者、株式会社ソーテック社、ソフトウェア・ハードウェアの開発者および開発元、ならびに販売者は一切の責任を負いません。あらかじめご了承ください。
> - 本書の制作にあたっては、正確な記述に努めていますが、内容に誤りや不正確な記述がある場合も、当社は一切責任を負いません。また著者、監修者、出版社、開発元のいずれも一切サポートを行わないものとします。
> - サンプルコードの著作権は全て著作者にあります。本サンプルを著作者、株式会社ソーテック社の許可なく二次使用、複製、販売することを禁止します。
> - サンプルデータをダウンロードして利用する権利は、本書の読者のみに限ります。本書を閲読しないでサンプルデータのみを利用することは固く禁止します。

# Chapter 1

## Raspberry PiとAI

手の平サイズ、数千円で手に入るRaspberry Piと、毎日のニュースで聞かない日は無いというAI（人工知能）技術を組み合わせ、驚くような電子工作をしたいと思いませんか？

このChapter1では「そもそもRaspberry Piとは何なのか」から始まって、Raspberry Piで使う事ができるAI技術と、その応用例を列挙します。また、この本を使って作ることができる電子工作の全体像をおさえます。

Section 1-1 ▶ **Raspberry Piとは**
Section 1-2 ▶ **Raspberry PiとAI**
Section 1-3 ▶ **Raspberry PiとAI電子工作で必要な部品**

Chapter 1 | Raspberry PiとAI

# Section 1-1 ▶ Raspberry Piとは

可愛らしいフルーツのロゴと緑の基盤。「Raspberry Pi」とはどんなものでしょうか？ Raspberry Piの歴史、特徴、種類（各ボード）などについてざっとおさらいします。

## ▶ Raspberry Piについて

　Raspberry Piは、2012年にイギリスの「**Raspberry Pi Foundation**」（**ラズベリーパイ財団**と訳されます）という非営利団体によって開発された、**シングルボードコンピュータ**です。

　財団のホームページを見てもわかる通り、Raspberry Piの普及は基本的に「教育」を目的としているため、Raspberry Piは非常に汎用的なコンピュータとして開発され、なおかつ安価に提供されています。ラズベリーパイ財団により、ボードのハードウェア開発、ソフトウェアのアップデート、プロモーションなどが継続して行われています。

●Raspberry Pi Foundationのサイト ( https://www.raspberrypi.org/ )

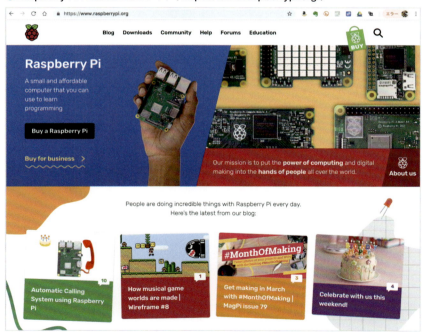

## » メイカームーブメントの中心に

　2010年代に入り「**IoT**」（Internet of Things、モノのインターネット化）が盛り上がるに連れ、手軽に入手できて様々な拡張性があることから、Raspberry Piは一躍、IoT機器の代名詞のようになりました。

　2018年時点で1,700万台以上が出荷され、開発者やユーザーが増えるに従って、Raspberry Piの拡張性は飛躍的に高まってきます。対応センサーや拡張ハードウェアが増え、様々なことを可能にするライブラリ（プログラム）が整備されました。

　また、「**メイカームーブメント**」（Maker Movement、日本語では「メイカーズムーブメント」とも）という、大企業の製造者会社（いわゆるメーカー）ではない、個人の電子工作好き（メイカー）によるものづくりの潮流も、それに拍車をかけました。そのような、多くの市井のメイカーがRaspberry Piを使い、アイディアを駆使し、その作例をインターネット上などで公開、シェアし始めたのです。

　その結果、「Raspberry Piでできないことはないのではないか」と思わせるほど、Raspberry Piはメイカームーブメントの中心に位置し、盛り上がりを見せています。

●Raspberry Pi Foundationの作例（https://projects.raspberrypi.org/ja-JP/projects）

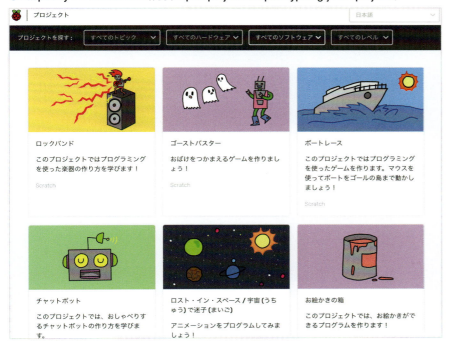

## ▶ Raspberry Piの特徴

　Raspberry Piの基本構成は、CPU（中央演算処理装置）にモバイル端末などにも利用されている**ARM**プロセッサを搭載しています。また、ハードディスクやフラッシュメモリなどのストレージは内蔵せず、汎用のmicroSDカードをストレージとして利用します。Raspberry Piのハードウェア構成はSection1-3（p.22）で詳述します。

　Raspberry Piには、工場出荷時点ではファームウエアや**OS（オペレーティングシステム、基本ソフト）**は搭載されていません。ラズベリーパイ財団はRaspberry Pi用のOSとして**Linux**（Debian）ベースの「**Raspbian**」というOSを提供しており、それが標準のオペレーティングシステムとなっています。ユーザーはRaspbianを自分でパソコンなどにダウンロードして、microSDカードに書き込み、それをRaspberry Piに挿入して利用します。Raspbian OSについても、Section 2-1でインストールから簡単な使い方まで説明します。

●Raspbianダウンロードページ（https://www.raspberrypi.org/downloads/raspbian/）

　ちなみに「Raspberry Pi」の名前の由来ですが、米アップル社（旧アップルコンピュータ）の「Apple I」など、コンピュータ名に果物の名前が多かったので、Raspberry（ラズベリー）と付いたそうです。そして、Raspberry Piの標準プログラミング言語「**Python**」（パイソン）から「パイ」をもらい、「Raspberry Pi」となった、というのが有力な説です。ロゴも可愛らしく、子ども達の教育にもピッタリのネーミングですね！

## ▶ Raspberry Piの種類

　2019年現在、Raspberry Piには様々な種類（Raspberry Pi Boards）があります。2012年以降、年を追うごとに高性能、高機能となってきたBoard達ですが、大きく分けて2つの系統があります。1つは、本書で扱うフルサイズのModel A/B系。もう1つは、それを小型化したZero系です。

**NOTE**
**Raspberry Pi Compute Module**
厳密には「Compute Module」というエディションがありますが、これは組み込み機器向けで一般用途には向かない機種であるため、ここでは説明を割愛します。

● Raspberry Piのボード一覧（https://www.raspberrypi.org/products/）

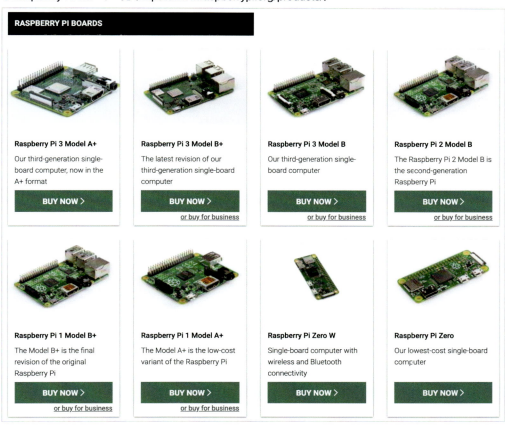

　代表的なボードがリリースされた時期と、主な特徴は次ページの表のとおりです。

● Raspberry Piの代表的なボードのリリース時期と特徴

| ボード名 | 発売年 | CPU | メモリ | Wi-fi／Bluetooth | 参考価格 |
|---|---|---|---|---|---|
| Raspberry Pi 1 Model B | 2012年 | 700MHz シングルコア | 256 MB | なし | $35程度 |
| Raspberry Pi 1 Model A+ | 2014年 | 700MHz シングルコア | 512 MB | なし | $20程度 |
| Raspberry Pi 2 Model B | 2015年 | 900MHz クアッドコア | 512 MB | なし | $35程度 |
| Raspberry Pi 3 Model B | 2016年 | 1.2GHz クアッドコア | 1GB | 2.4GHz／Bluetooth4.1、BLE | $35程度 |
| Raspberry Pi 3 Model B+ | 2018年 | 1.4GHz クアッドコア | 1GB | 2.4、5GHz／Bluetooth4.2、BLE | $35程度 |
| Raspberry Pi 4 Model B | 2019年 | 1.5GHz クアッドコア | 1GB、2GB、4GB | 2.4、5GHz／Bluetooth5.0、BLE | $35（1GB）程度 $45（2GB）程度 $55（4GB）程度 |
| Raspberry Pi Zero | 2015年 | 1GHz クアッドコア | 512 MB | なし | $5程度 |
| Raspberry Pi Zero W | 2017年 | 1Hz クアッドコア | 512 MB | 2.4 GHz／Bluetooth4.1、BLE | $10程度 |

## ▶ 本書で主に使用するRaspberry Piの種類

　本書ではAI機能を存分に活用するため、記事執筆時点（2019年10月）に国内入手可能でパフォーマンスに優れた「Raspberry Pi 3 Model B+」を主に使用します。このモデルは、Raspberry Piシリーズの中で最も入手しやすく、CPUの性能が高くメモリ（主記憶）も大きく、音声出力端子も搭載されています。また、USBドングルを付け替えることにより、マイク入力などの機能拡張が容易です。カメラ端子もフルサイズのケーブルをサポートするので、「カメラによる目」「マイクによる耳」「スピーカーによる口」の役目などに対応できるからです。

　また、2019年6月に発表され国内販売も間近のRaspberry Pi 4 Model Bでも検証を行っています。

● Raspberry Pi 3 Model B+

● Raspberry Pi 4 Model B

**Section** ▶ 1-2 | Raspberry PiとAI

| Section 1-2 ▶ | # Raspberry PiとAI |

小型で安価なRaspberry Pi。それを使ってAIを実現する手段には、どのようなものがあるでしょうか。本書で扱うRaspberry PiとAIについて、その位置付けと実現方法を簡単にまとめます。またAIを活用した便利で面白い事例、アイディアなどを紹介します。

## ❯ AIとは

「**AI**」（Artificial Intelligence、人工知能）はメディアやニュースで様々な報道や取り上げ方をされていることから、人間ができることを全て代替したり、「何でもできる」というイメージがあるかもしれません。

AIは、広義では人間の知性を模した「**人工知能**」と訳され、「脳の働きをコンピュータ技術で人工的に作ったもの」といった意味があります。例えばゲーム内の敵キャラのような、ある決まりを持って振る舞うプログラムをAIと呼ぶことがある一方、漫画の鉄腕アトムのように自我があるかのような振る舞いをするロボットに至るまで、AIの定義は広範に及びます。

AIは、それだけで本が何冊も書けてしまうような深遠なテーマと言えるでしょう。

## ❯ 本書でのAIの位置付け

本書で扱うAIは、比較的簡易に、人間のいくつかの機能をハードウェアとソフトウェアで代替するようなものを目指します。いわゆる人工知能を広範にカバーする「汎用AI」ではなく、機能を絞った「特定AI」に当たります。

具体的には、目の役割として、そこに写っているものが何であるか判別する「**画像認識**」があります。また、耳の役割として、人が話したことを文字情報に置き換えて内容を把握する「**音声認識**」。そして、その返答を人間のように発する「**人工音声**」や、外国語を日本語などに変換する「**自動翻訳**」などの機能です。

これらは、人間の器官や脳が行なうことのごく一部に過ぎませんが、これまではそれすら代替するのが難しいことでした。しかし今日、コンピュータの発達、カメラやセンサーの高度化、そして機械学習やクラウド技術の急速な発展で、驚くほど簡単で安価にそれを実現できるようになってきています。

まとめると、次のようなAI機能を本書では主に扱っていきます。

### 》 本書であつかうAI機能

#### 物体認識（Object Recognition）

**物体認識**は、そこにある物体が何であるか判別します。具体的には、静物画を見てそこに「花」が写っている

かどうかなどを認識します。

### 文字認識（Optical Character Reader/OCR）
文字認識はそこに写っている文字を読みます。画像中の文字を認識して、それをテキストにします。

### 音声認識（Speech to Text）
音声認識は、音を聞いてそれを文字起こしします。例えば「てんきおしえて」という音声を聞いて、「天気教えて」というテキストに変換します。

### 自動翻訳（Translation）
自動翻訳は、ある言語（例えば日本語）から他の言語（英語など）に翻訳します。例えば「天気教えて」という日本語を「What's the weather?」へ翻訳します。

### アシスタント機能（Assistant）
アシスタント機能は、質問に対して辞書、インターネットの情報などから最適な応答を導きます。例えば「天気教えて」という問い掛けに対し、天気予報サービスを参照して「予報は晴れです」などの応答をします。

### 人工音声（Text to Speech）
人工音声は人間のような声で発話します。例えば「予報は晴れです」というテキストから「よほうははれです」という音声を発します。

●人間の目、耳、口などを代替するAI機能

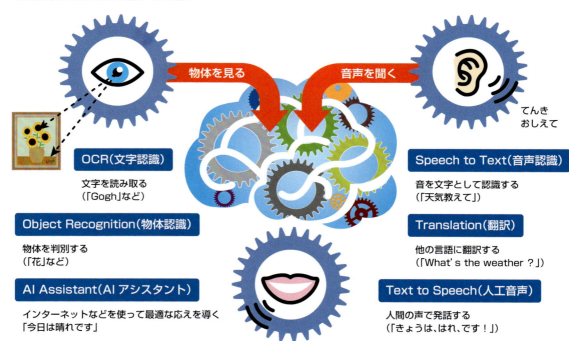

## Raspberry PiでのAI

　Raspberry PiはCPUのクロック周波数1GHz、メモリ（主記憶）1GB程度の軽微なコンピューターですが、それでも数多くのAI機能を扱うことができます。

　まず、Raspberry Pi用のカメラやマイク、スピーカーが用意されており、「画像」「音声」「発話」などを扱えるようになっています。それにより、人間の「見る」「聞く」「話す」ことを代替できるのです。

　また、Raspberry Piの標準プログラム言語であるPythonは、AI開発でもほぼスタンダードなプログラム言語で、様々なライブラリが用意されています。それにより、画像認識や音声認識、そして自動翻訳などがRaspberry Piで行えるのです。

●Raspberry PiでAIを実現するためのデバイス例

　AIを扱ったライブラリ、プログラムと言っても、膨大なコンピュータ・リソースを必要とする本格的なものから、外部のサービスを呼び出すだけで使えるものまで幅広くあります。AIの利用の中では大きく「クラウド型API」と「ローカル（エッジ）AI」という区分けがあります。

### » クラウド型API

　Googleの「**Google Cloud Platform**」やMicrosoftの「**Azure**」、Amazonの「**AWS**」など各社クラウドサービスでは、AIに関する数多くの「**API**（Application Program Interface）」がRaspberry Pi用にリリースされています。例えば、Google Cloud Platform上の**Assistant API**（自動応答）や**Vision API**（画像認識）などです。

これらのサービスでは、数行のプログラムを書くだけでAPIを呼び出せるようになっており、AIの入門として手軽に使い始められます。また、膨大な計算処理が必要な機械学習部分を、強力なクラウド上のコンピュータで行なってくれます。クラウド上で処理された計算結果を受けて、計算リソースが限られるRaspberry Piでは比較的軽い判別処理を行うことにより、驚くようなAI機能を実現することが可能です。

　本書では、このクラウド上のAPIをメインに使って、電子工作を行なっていきます。

● クラウド型APIイメージ図

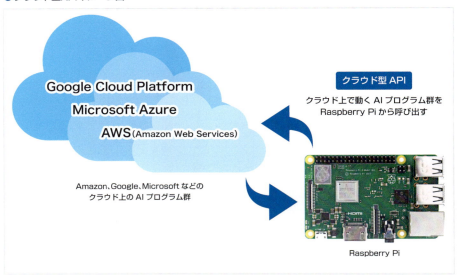

## ローカル（エッジ）AI

　クラウド上のAPIはとても強力ですが制限もあります。クラウド上にあるため、Raspberry Piがインターネットにつながらない状態では使えません。

　また、それらのAPIは万人に使えるよう一般的に作られています。そして、その学習データも世の中に既にあるデータを元にして作られています。例えば「花の種類」「市販されているDVDのラベル」などの判別はできますが、自分の家族の顔写真からそれが誰なのか判別するは難しいのです。

　そのような、限定されたデータやインターネット外のものを扱う場合は、自分でデータを用意してRaspberry Pi上でAIを動かす必要があります。そのようなローカル（Raspberry Pi）上で動作させるAIを、「**エッジ・コンピューティング**」や「**エッジAI**」と呼びます。

　Raspberry PiにAIを記述するライブラリ（GoogleのTensorflowなど）をインストールし、ロジックを構築します。これにも機械学習部分とそれを使った判別部分があり、用途、リソースにより使い分けます。

●エッジAIイメージ図

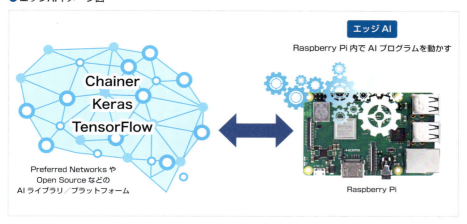

## Raspberry PiでのAI活用事例

　ここまでの解説によって、Raspberry PiでAIが扱えることが理解してもらえたと思います。Raspberry PiとAIを組み合わせて、既に実現している活用事例やAI利用のアイディアを、幾つか挙げてみたいと思います。

### ≫ スマートスピーカー

　Amazonの「**Alexa**」や、Googleの「**Google Home**」などは、人の問いかけに応じて様々な便利な情報を読み上げてくれる「**スマートスピーカー**」「**AIスピーカー**」と呼ばれるデバイスです。
　AlexaやGoogle Homeなどのスマートスピーカーの中核に当たる音声ロジックを、AmazonとGoogleはそれぞれ公開しており、Raspberry Pi上で動かすこともできるようになっています。

●Amazon Voice Service with Raspberry Piのページ
（https://developer.amazon.com/docs/alexa-voice-service/set-up-raspberry-pi.html）

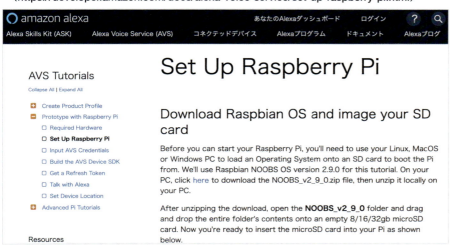

## » Google AIY

 GoogleはユーザーがAIを自作するためのプロジェクト「AIY」（AI Yourself）を立ち上げ、Raspberry Piを使った工作キットを提供しています。スマートスピーカーのようなVoice Kitや、カメラを使ったVision Kitなどが既に販売されています。

●Google AIYサイト（https://aiyprojects.withgoogle.com/）

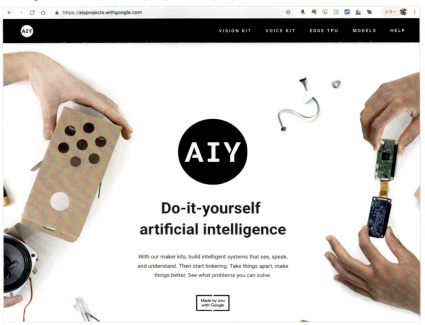

## »「きゅうりの自動仕分け」にAIと機械学習を利用

 AIとディープラーニングの成果として、カメラを使ってきゅうりの曲がり具合を判別して仕分ける農家の事例が話題になっています。通常、農家でのきゅうりの仕分けは、等級や曲がり具合を目視で分類しているため、これをRaspberry PiとGoogleのAIライブラリ「**Tensorflow**」を使って自動化を試みているそうです。

 具体的には、きゅうりの等級ごとの画像データを集めます。これを「**学習データ**」としてTensorflowという機械学習ライブラリ群を使って、独自の画像判別モデル（きゅうりの形判定）を作り上げています。そして、実際に判別するきゅうりを写真で撮影してこのモデルに当てはめ、自動的に等級を判別する仕組みをRaspberry Piを含むシステムで実現しています。

 今まであまりIT化されていなかった農家の現場を、Raspberry PiとそのAI技術で見事解決した事例と言えるでしょう。

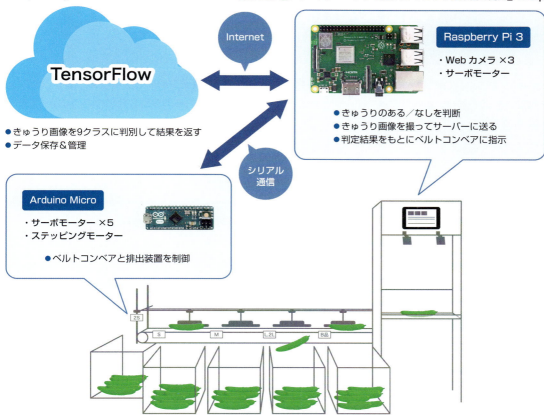

## » 顔判別機

　家族の顔写真を学習データに使い、顔判別モデルを作るやり方もあります。例えば、ドアホンのカメラとRaspberry Piを連動させて、カメラの映像から「家族」「家族ではない」の判別を行う、といったものです。ドアホンのカメラに写った顔が家族であれば、在宅中の人にいち早く家族が帰ってきたことを知らせる、という仕組みを作ることができます。

## » 自動翻訳機

　Raspberry Piにマイクとスピーカーをつないで、日本語で話した言葉を外国語に翻訳する機械を作ることもできます。GoogleやMicrosoftなどが提供する翻訳APIを使うことにより、比較的簡単にRaspberry Piが翻訳デバイスになります。

　Raspberry PiとAIを使って既に実用化されているものや、自分で作れるキット、活用事例などを紹介しました。Raspberry Piを使って、そんなAI電子工作を自分で作れるよう進めていきましょう。

Chapter 1 | Raspberry PiとAI

## Section 1-3　Raspberry PiとAI電子工作で必要な部品

Raspberry PiでAIを扱うために、まず基本のRaspberry Piのハードウェア構成を理解しましょう。また、電子工作を行うために、必要な機器や部品なども見ていきましょう。これらの部品を揃えれば、AI電子工作が始められます。

### ▶ Raspberry Piの基本構成

ここでは、Raspberry Piの基本部分の名称、機能を解説します。また他の部品、機器をつなぐ入出力のインターフェースも理解しましょう。本書ではRaspberry Pi 3 Model B+を例に解説しますが、基本的にRaspberry PiのModel B系列は、Raspberry Pi 1/2/3はすべて同様の構成になっています。

#### » Raspberry Piの各部名称とその説明

次の図がRaspberry Piの主要部です。❶から❿がそれぞれどのような役割を持っているのか、どのような機器と接続できるインタフェースであるのかなどを説明しています。

●Raspberry Pi 3 Model B+の主要部分

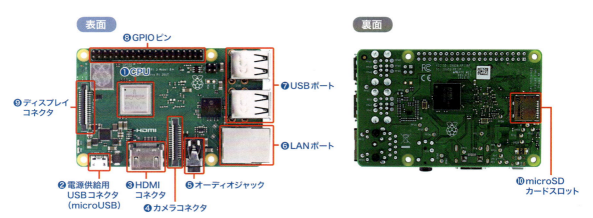

●Raspberry Pi 4 Model Bの主要部分

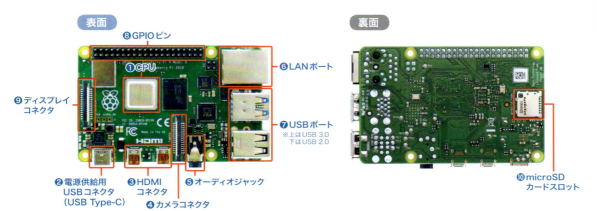

### ❶ CPUチップセット
ここにはRaspberry Piの心臓部としてARMプロセッサーが配置されています。この部分は「System on Chip」（**SoC**）と呼ばれていて、CPU、メモリ、コントローラーなどが1つにまとまったチップセットです。

### ❷ 電源供給用USBコネクタ
Raspberry Piへの電源供給は、このUSBコネクタで行います。Raspberry Pi 3 B+まではmicroUSB（USB Type-B）で、Raspberry Pi 4 Model BはUSB Type-Cです。

### ❸ HDMIコネクタ
Raspberry Piにはディスプレイがありません。画面を表示させる場合は、この**HDMI**コネクタにケーブルを接続し、HDMI対応のテレビやディスプレイにつないで画面を出力します。Raspberry Pi 3 B+はHDMI端子で、Raspberry Pi 4 Model Bはmicro HDMI端子（×2）です。

### ❹ カメラコネクタ
**カメラモジュール**を接続するためのコネクタです。**CSI**（Camera Serial Interface）に対応したカメラモジュールを接続できます。ラズベリーパイ財団が販売するオフィシャルのカメラモジュールの他に、サードパーティ製の互換カメラモジュールが販売されています。

### ❺ オーディオジャック
3.5mmプラグが接続できる**オーディオ出力端子**です。音声出力の際に利用します。

### ❻ LANポート
有線ネットワークインタフェースです。LANケーブルを接続することでRaspberry Pi 3 B+は300Mbps、Raspberry Pi 4 Model Bは1000Mbps、それら以外は最大100Mbpsの有線ネットワークにつなぐことができます。

### ❼ USBポート
Model Bには**USBポート**が4つあります。キーボードやマウス、マイクなどの周辺機器をつなぎます。Raspberry Pi 4 Model Bは、USBポートのうち2つがUSB 3.0に対応しています。

## ❽ GPIOピン

「**GPIO**」(General Purpose Input Output、**汎用入出力**)と呼ばれる、デジタル入出力などを行う端子です。ここにセンサーなどを接続して、データのやり取りを行います。

## ❾ ディスプレイコネクタ

**DSI**(Display Serial Interface)接続が可能なディスプレイに接続できます。

## ❿ microSDカードスロット

microSDカードを差し込めるスロットが裏面にあります。Raspberry Piには内蔵ストレージはなく、システム(OS)はmicroSDカードから起動します。PCなどでmicroSDカードにOSをインストールして、Raspberry PiのmicroSDカードスロットに挿入して起動すると、OSが起動します。

## ▶ セットアップに必要な部品

Raspberry Pi本体に加えて、初期セットアップを行うのに必要な機器、部品があります。ここではRaspberry Piのセットアップの際に必要な周辺機器等を解説します。

> **NOTE**
> **スターターキット**
> Raspberry Piを使うのが初めての場合は、市販の「スターターキット」などを手に入れると、必要なものがセットになっているため手軽にRaspberry Piを始めることができます。

●Raspberry Piにキーボード、ディスプレイなどをつないで使います

## microSDカード

**microSDカード**は、Raspberry PiのOS（Raspbian）などをインストールするのに使います。Raspberry Piには内蔵ストレージはないため、OS、データ領域、ログなどはmicroSDカードに保存され、稼働します。これをRaspberry PiのmicroSDカードスロットに挿入して使います。

Raspberry Piを動かすOSであるRaspbianは、小容量のRaspbian Liteのイメージサイズで1.8GB程度、Raspbian full（フルインストール）だと5GB以上の容量になります。合わせてライブラリやデータなどを追加していくので、使用するmicroSDカードは16GB以上のものを推奨します。

## HDMIケーブルとディスプレイ

Raspberry Piはディスプレイが付いていないので、画面表示する場合は**HDMIケーブル**をつないで出力します。本書では、HDMIでディスプレイにつないで最初のセットアップのみ行い、以降はパソコンなどからリモート接続（ヘッドレス構成）して運用する方法を解説します。

## USBキーボードとマウス

パソコンと同様に、Raspberry Piでもマウスとキーボードを使用します。使用するマウス・キーボードはパソコンで使用しているUSB接続のもので大丈夫です。基本的にUSBコネクタに接続するだけで使えます。本書ではRaspberry Piはリモート接続で運用するため、これらも基本的に最初のセットアップでのみ使用します。

## USBケーブル（microUSB、USB Type-C）とUSB ACアダプター（あるいはモバイルバッテリー）

**USBケーブル**とUSB ACアダプターは、Raspberry Piに電源供給するために使用します。Raspberry Pi 3 Model B+まではmicroUSB、Raspberry Pi 4 Model BはUSB Type-Cケーブルです。Raspberry Pi 3 Model B+およびRaspberry Pi 4 Model Bは消費電力が大きいため、ACアダプターは5V/3.0A程度の物を用意するといいでしょう（必ず5V、アンペア数は大きくてもかまいません）。

先に説明したUSB端子から給電します。ここに、USB ACアダプターあるいはモバイルバッテリーに接続したUSBケーブルを接続します。

## USB無線LANアダプタ／Bluetoothアダプタ（Raspberry Pi 2などで無線機器を使う場合）

Raspberry Pi Zeroを除くRaspberry Pi 3 Model B 以降の製品には、本体に無線LANチップとBluetoothが内蔵されています。しかし、それ以前のRaspberry PiおよびRaspberry Pi Zeroで無線LANや無線キーボード・マウスなどを使う場合は、別途無線LANアダプタやBluetoothアダプタを用意する必要があります。USB接続の無線LANアダプタやBluetoothアダプタを、USBポートに接続して使用します。

> **NOTE**
> **USB接続の無線LANアダプタやBluetoothアダプタの使用方法について**
> USB接続の無線LANアダプタやBluetoothアダプタによっては、Raspbian上で使用するためには特別な設定が必要なものがあります。本書では製品ごとの個別の設定方法については割愛します。

## ▶ AI電子工作に必要な部品たち

　Raspberry PiでAIを使った電子工作を行うために、カメラやスピーカーなどを用意しておく必要があります。必要部品を紹介します。

### 》カメラ

　カメラはAI工作の中で「目」に当たる部分です。Raspberry Piの公式**カメラモジュール**は、本体のカメラコネクタにつないで使用します。また、本書では解説しませんが、USB接続のWebカムを使うことも可能です。

● Raspberry Pi 公式カメラモジュール「Camera Module V2」
　（https://www.raspberrypi.org/products/camera-module-v2/）

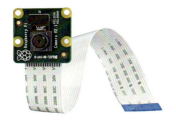

### 》スピーカー

　スピーカーは、Raspberry Piのオーディオジャックにつないで音声出力に使います。スピーカーはRaspberry Piの「口」（声）の役割を果たします。

　アンプやバッテリー付きのスピーカーを使うと、Raspberry Piに接続してすぐに使うことができます。本書では自作スピーカー（アンプを自分で接続する）のやり方も説明します。

Section 1-3 | Raspberry PiとAI電子工作で必要な部品

● LC-dolida ミニポータブルスピーカー
（https://www.amazon.co.jp/dp/B072JMHJNW/）

● TPA2006使用　超小型D級アンプキット
（http://akizukidenshi.com/catalog/g/gK-08161/）

● ダイナミックスピーカ 50mmΦ 8Ω 0.2W
ネオジム磁石使用・防磁型
（http://akizukidenshi.com/catalog/g/gP-09012/）

» マイク

　Raspberry PiにUSB接続の小型マイクを接続することで、音声を入力できます。マイクはRaspberry Piの「耳」の役割を果たします。本書ではChapter 4で小型USBマイクを用い、Chapter 6では複数のマイクを装備し多方向からの音源を検知できるマイクユニット「**ReSpeaker Mic Array**」を使用します。ReSpeaker Mic Arrayにはアンプも内蔵されており、スピーカーを接続して発話も可能です。

● BU-Bauty いつでもどこへも携帯可能！
世界最小USBマイク
（https://www.amazon.co.jp/gp/product/B01KZPF1U8/）

● ReSpeaker Mic Array
（https://www.seeedstudio.com/ReSpeaker-Mic-Array-v2-0.html）

Chapter 1 | Raspberry PiとAI

### » モバイルバッテリー

　Raspberry Piへの電源供給にACアダプターではなく、**モバイルバッテリー**を使うこともできます。モバイルバッテリーを電源に使うと、コンセントが遠い場所でRaspberry Piを動作させることが可能です。自動車やロボットのような機器や、GPSロガーのような移動して利用する電子工作を行う場合は、モバイルバッテリーで駆動させるようにすると便利です。

　モバイルバッテリーでRaspberry Piを動作させる場合、2A以上の出力に対応したものを使いましょう。

● cheero Canvas 3200mAh IoT機器対応モバイルバッテリー ホワイト CHE-061（https://www.amazon.co.jp/dp/B018KD0D82/）

● AI電子工作に必要なカメラ、マイク、スピーカーなど

　これらの機器、部品があれば、Raspberry Piを使って電子工作が始められます。巻末に必要部品とその入手先などをまとめているので、参考にしてみてください。

# Chapter 2

# Raspberry Piの準備

Raspberry Piでの電子工作の準備として、まずOSである Raspbian（ラズビアン）をインストールします。OSの最初のセットアップやネットワーク接続などの基本設定を行います。

さらに、Raspberry Piを使いこなすためのSSHやリモートデスクトップの使い方も解説します。

Section 2-1 ▶ **Raspberry PiのOS（Raspbian）を インストールする**

Section 2-2 ▶ **Raspberry Piの基本設定、操作**

Section 2-3 ▶ **Raspberry Piへの接続方法と使い方**

Chapter 2 | Raspberry Piの準備

# Section 2-1 Raspberry PiのOS（Raspbian）をインストールする

Raspberry Piを使い始める最初の一歩、Raspberry PiのOSである「Raspbian」のインストールを行います。OSを設定することで、Raspberry Piでさまざまなことができるようになります。Raspbianの導入にはOSイメージの書き込みを使って行います。

## ▶ Raspberry PiのOSについて

　Raspberry Piには、工場出荷時点では**OS（オペレーティングシステム、基本ソフト）**やファームウエアは搭載されていません。ユーザーがmicroSDカードにOSをセットアップして、そのmicroSDカードをRaspberry PiのmicroSDカードスロットへ差し込んで電源投入することで、OSが起動してRaspberry Piを利用できるようになります。

　Raspberry Piに搭載できるOSは複数ありますが、本書ではRaspberry Pi Foundationが提供する「**Raspbian**」を使います。Raspbianにはリリースされている時期によって異なるバージョン名がついており、記事執筆時点では「**Raspbian Buster**」が最新です。これをmicroSDSDカードにインストールしていきます。

　Raspbianのインストール作業には、インストールイメージファイルをダウンロードするためのネットワーク回線、それにOSを記録するmicroSDカード、イメージファイルのダウンロードや書き込みなどを行うWindowsパソコンまたはMacなどのコンピュータが必要です。

●Raspbianのインストールの概念図

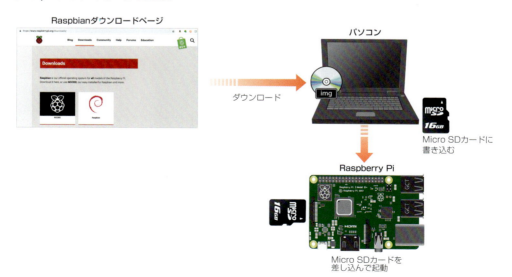

30

## ▶ Raspbian のダウンロード

　最新のRaspbianを取得します。Raspberry Pi Foundationの公式サイトのDownloadsページ（https://www.raspberrypi.org/downloads/）にアクセスするか、Raspberry Pi Foundation公式サイトの「Downloads」タブをクリックします。

●Raspbianダウンロードページ（https://www.raspberrypi.org/downloads/）

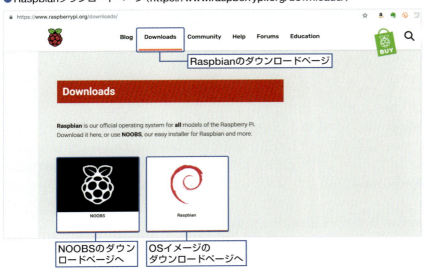

### » 「NOOBS」と「OSイメージ」

　Raspbianの取得には2種類の方法があります。「NOOBS」と「OSイメージ」（サイト内では「Raspbian」と表示されている部分）です。

　**NOOBS**（New Out Of Box Software）は、Raspbianのインストーラーをダウンロードして microSDカードにコピーし、Raspberry Piの初回起動時にインストールが始まる形式です。コマンドなどを使わずにインストールができるので比較的簡単な方法ですが、Raspberry Piの初回起動時にインストール作業を行う必要があり、インストールに若干時間と手間がかかります。

　一方で「**OSイメージ**」は、RaspbianのOSイメージファイルをパソコンにダウンロードして、microSDカードにツールで使って書き込みます。

　NOOBSとOSイメージ、どちらでも同じバージョンのOSをインストールできます。今後何台ものRaspberry PiのOSインストールを行ったり、コピーしたりといったことを想定して、ここではコマンドを使ったOSイメージでのインストール方法を説明します。

●OSイメージのダウンロードページ
（https://downloads.raspberrypi.org/raspbian_full/images/raspbian_full-2019-09-30/）

RaspbianのOSイメージには、次の3つのタイプがあります。

1つは「Lite（**Raspbian Buster Lite**）」と呼ばれる、デスクトップや追加のソフトウェアを含まない軽量版です。もう1つはデスクトップ（GUI画面）環境が含まれるデスクトップ版（**Raspbian Buster with desktop**）。そして、デスクトップ環境にくわえ推奨ソフトウェアなどがすべて入ったフルバージョン版（**Raspbian Buster with desktop and recommended software**）です。本書では、フルバージョンをインストールする方法を解説します。

ダウンロードページの「Raspbian Buster with desktop and recommended software」のリンクからダウンロードしてもOSイメージを入手できますが、ここからダウンロードできるのは常に最新版であるため、書籍内で解説するバージョンと異なる恐れがあります。そこで、記事執筆時点の最新版をダウンロードするため、https://downloads.raspberrypi.org/raspbian_full/images/raspbian_full-2019-09-30/ へアクセスして、「2019-09-26-raspbian-buster-full.zip」をクリックしてダウンロードします。ファイルサイズが約2.5GBあるため、ダウンロードに時間がかかることがあります。

ダウンロードした2019-09-26-raspbian-buster-full.zipファイルを展開・伸長し、インストールイメージ（.imgファイル）にします。

●ZIPファイルとインストールイメージファイル

## WindowsでのOSイメージの書き込み

　Windowsでのディスク書き込みには、コマンドではなく書き込みソフトウェアを使います。ここでは「**Win32DiskImager**」を使用します。

　Raspbian OSイメージをWindowsパソコンにダウンロードしておきます。microSDカードもパソコンに接続しておきます。

　Win32DiskImagerのダウンロードページ（https://sourceforge.net/projects/win32diskimager/）へアクセスして、「Download」ボタンをクリックすると、最新版Win32DiskImagerのインストーラーを入手できます。

● Win32DiskImagerのダウンロードページ（https://sourceforge.net/projects/win32diskimager/）

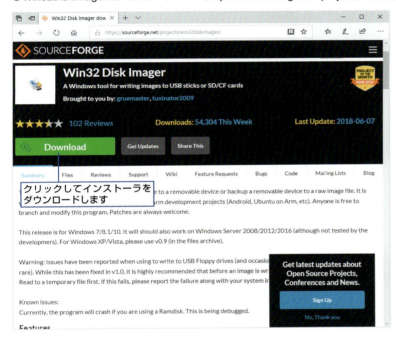

　「win32diskimager-x.x.x-install.exe」（記事執筆時点ではwin32diskimager-1.0.0-install.exe）のようなインストーラーがダウンロードされます。これをダブルクリックしてインストールします。インストーラーを起動した際にユーザーアカウント制御のダイアログが表示されたら、「はい」をクリックして進めます。

　インストールが完了したら、Win32DiskImager.exeファイルをダブルクリックして、Win32DiskImagerを立ち上げます。画面は次のとおりです。「Image File」欄にダウンロードしたイメージファイルを指定します。microSDカードは「Device」で指定します。イメージファイルと書き込み先を指定すると、「Write」ボタンが有効（アクティブ）になるので、クリックするとOSイメージの書き込みを行います。書き込み完了までしばらく時間が掛かりますが、「Write Successful.」と表示されたら書き込み完了です。microSDカードを選択して「取り出し」ボタンをクリックして、カードを取り出してください。

● Win32DiskImager

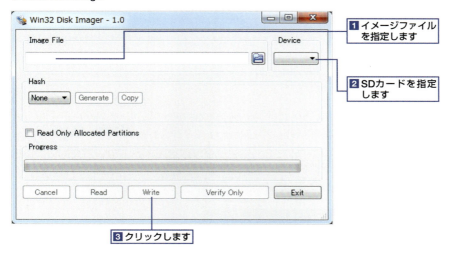

## ▶ macOSでのOSイメージの書き込み

Mac（macOS）上でのOSイメージの書き込みは、コンソール上のコマンドで行います。

OSイメージをMacのローカルディスク上にダウンロードし、MacにmicroSDカードを挿入します。

macOSの「**コンソール**」（Finder上で「移動」➡「ユーティリティ」➡「コンソール」を選択）を起動し、「diskutil」コマンドに「list」オプションを付けて実行して、システム上で認識されている（microSDカードを含む）ディスクを確認します。

```
$ diskutil list
```

次の図がdiskutil listの実行例です。システムが認識しているストレージは「disk0」「disk1」「disk3」の3つで、disk0とdisk1は250GBあまり、disk2は約16GBであることが分かります。今回は16GBのmicroSDカードを使っているので、筆者の環境ではdisk2が対象のカードであることが分かります。Raspbianのインストール先を間違えるとmacOS自身のファイルシステムを削除しかねないので、十分注意してください。

Section ▶ 2-1 │ Raspberry PiのOS（Raspbian）をインストールする

●diskutil list実行例

```
$ diskutil list
/dev/diske (internal):
   #:                       TYPE NAME                    SIZE          IDENTIFIER
   0:      GUID partition scheme                        251.0 GB      disk0
   1:                        EFI EFI                     314.6 MB      disk0s1
   2:                Apple_APFS Container disk1          250.7 GB      disk0s2

/dev/disk1 (synthesized):
   #:                       TYPE NAME                    SIZE          IDENTIFIER
   0:      APFS Container Scheme —                      +250.7 GB      disk1
                              Physical Store diskos2
   1:              APFS Volume Macintosh HD             145.0 GB      disk1s1
   2:              APFS Volume Preboot                  44.2 MB       disk1s2
   3:              APFS Volume Recovery                 517.0 MB      disk1s3
   4:              APFS Volume VM                       3.2 GB        disk1s4

/dev/disk2 (external, physical):
   #:                       TYPE NAME                    SIZE          IDENTIFIER
   0:      FDisk partition scheme                       *15.9 GB      disk2
   1:              DOS_FAT_32 SD16                       43.8 MB       disk2s1
   2:                     Linux                          15.9 GB       disk2s2
```

16GBのSDカードで
あることが分かる

　まず、microSDカードをアンマウント（システムからの切り離し）します。アンマウントはコマンドで実行できます。diskutilコマンドに「unmountDisk」オプションを付け、その後にカードのデバイスファイルを指定します。microSDカードのデバイスファイルは、通常「/dev/diskX」（「X」は環境に応じて読み替えてください）のようになっています。今回の例では「/dev/disk2」となります。

　また、アンマウントの実行には管理者権限が必要です。「sudo」コマンドを先頭に付けて実行すると、一時的に管理者権限でコマンドを実行できます。「Password:」と表示されたら、ログイン中のユーザー（piユーザー）のパスワードを入力します。

●アンマウントの実行例

```
$ sudo diskutil unmountDisk /dev/disk2 ⏎
Password:  piユーザーのパスワードを入力します
Unmount of all volumes on disk2 was successful
```

その後、ディスクイメージの書き込みには「dd」コマンドを使用します。管理者権限が必要なのでsudoコマンドを付けて実行します。「bs=1m」は一度に書き込むブロックサイズを指定しています。「if=」で先ほどダウンロードしたRaspbianのディスクイメージファイルを指定し、「of=」で書き込み先のmicroSDカード（ここでは/dev/disk2）を指定して実行します。

```
$ sudo dd bs=1m if=（ダウンロードしたRaspbianイメージファイル） of=（書き込みディスク名）
```

●実行例
```
$ sudo dd bs=1m if=Raspbian/2019-09-26-raspbian-buster-full.img of=/dev/disk2
6496+0 records in
6496+0 records out
6811549696 bytes transferred in 653.870688 secs (10417273 bytes/sec)
```

OSイメージの書き込みには若干時間がかかりますが、程なくして上記メッセージと、デスクトップ上に「boot」という新しいストレージが認識されたら、書き込みは完了です。

書き込み完了後にmicroSDカードを取り出す時は、bootディスク上で右クリックして「"boot"を取り出す」を選択してください。これは実際Macからカードを取り出す前に、処理中によるエラーなどを防ぐためです。

これでRaspbianのインストール作業が完了しました。

Section 2-2 | Raspberry Piの基本設定、操作

# Section 2-2　Raspberry Piの基本設定、操作

microSDカードにOSイメージを書き込んだら、いよいよRaspberry Piをスタートさせましょう！まずは、言語やネットワークなどの基本的設定と、Raspbianの簡単な使い方を説明します。

## ▶ Raspberry Pi 環境の準備

Raspberry Piの基本操作と設定を行うために、Chapter 1で示した最低限の機器を揃えておきます。

利用部品
- Raspberry Pi 本体（本書ではRaspberry Pi 3 Model B+あるいは4を使用）
- RaspbianをインストールしたmicroSDカード
- Micro USBケーブルとUSB電源アダプター、またはモバイルバッテリー
- HDMIケーブルおよびHDMI入力に対応したテレビまたはディスプレイ
- USBキーボードとUSBマウス
- LAN環境とLANケーブル、または無線LAN環境

以後の作業は、この図のような構成で行なっています。

●Raspberry Piと周辺機器接続図

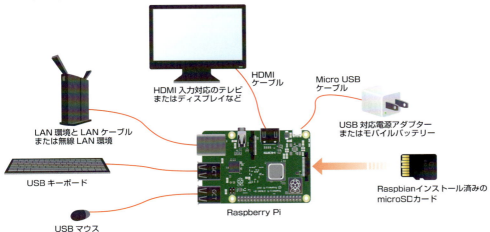

## ▶ Raspberry Piの起動と初期設定ウィザード

　Raspbianを書き込んだmicroSDカードをRaspberry PiのmicroSDカードスロットに差し込みます。ディスプレイ、キーボード、マウスなどを接続した状態で、ACアダプターに接続したMicro USBケーブルをRaspberry Piに繋いで電源を入れます。

　電源を入れると、Raspbian Desktop（以降、「デスクトップ」）が立ち上がります。初回起動時に、次のような初期設定を促すWelcome画面が立ち上がります。

　「Next」ボタンをクリックして、ウィザードに従って初期セットアップをしていきます。

● 初期設定ウィザード

クリックします

### NOTE
**初期設定ウィザードを後で行う場合**

ここで「Cancel」ボタンをクリックしてウィザードをいったん終了させて、後で実行することも可能です。その場合は端末アプリ（p.43を参照）を起動して、次のようにコマンドを実行します。

```
$ sudo piwiz
```

最初の「Set Country」は、「Country」（国）、「Language」（言語）、「Timezone」（タイムゾーン）を設定します。日本で使用し、日本語環境で利用する場合は「Japan」「Japanese」「Tokyo」を選びます。

●国、言語、タイムゾーンの設定

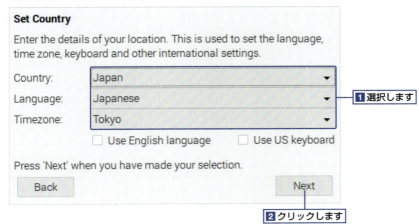

「Change Password」ダイアログで、パスワードを変更します。Raspbianには初期ユーザーとして「pi」が設定されています。初回起動時（現在ログイン中）のログインユーザーです。そして、piユーザーには初期設定で「raspberry」というパスワードが設定されています。

初期設定パスワードは広く知られているため、必ず変更して使用します。「Enter new password:」「Confirm new password:」に、新規でパスワードに設定する同じ任意の文字列を入力して「Next」ボタンをクリックします。

●piユーザーのパスワードの変更

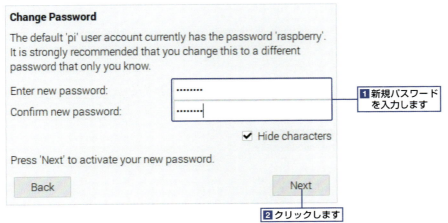

Screen設定が表示されます。現在表示中の画面の周囲に黒い枠が出ている場合は、ここで設定できます。問題なければ「Next」ボタンをクリックします。

●画面の設定

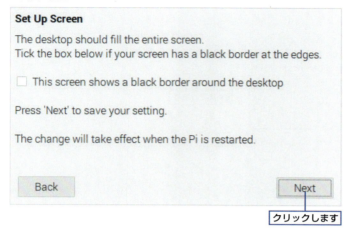

Raspberry Pi 3 Model BおよびB+、Raspberry Pi 4 Model Bには、本体に無線LANクライアント機能があります。そのため、無線LAN環境が整っていれば設定して利用できます。「Select WiFi Network」画面が表示されたら、無線LANアクセスポイント（SSID）を選択して「Next」ボタンをクリックします。

無線LANがセキュリティで保護されている場合は「Enter WiFi Password」の「Password:」にパスフレーズを入力します。パスフレーズは安全のために伏せ字で表示されますが、入力した文字列を確認したい場合は「Hide characters」のチェックを外します。

●無線LANアクセスポイント（SSID）とパスワードの設定

Section 2-2 | Raspberry Piの基本設定、操作

　無線LAN設定が完了したら、インターネットに繋がります。有線LAN環境の場合は、特に設定は必要ないので、既にネットワークにつながっているはずです。「Update Software」画面が表示されたら、最新のソフトウェアに更新しておきましょう。「Next」ボタンをクリックするとソフトウェア更新が実行されます。ただし、ソフトウェア更新は非常に時間がかかることがあります。ここでソフトウェアの更新をしない場合は「Skip」ボタンをクリックします。初回のアップデートは数分から10分程度時間が掛かる場合があります。

● Raspbianソフトウェアのアップデート

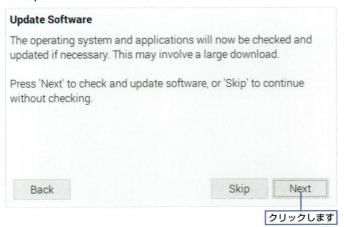

41

ソフトウェア更新が完了すると、システムの再起動を求められます。指示に従ってRaspberry Piを再起動してください。

● 再起動

クリックします

再起動してデスクトップが立ち上がったら、表示メニューの言語が日本語になっているかや、先程設定した無線LANが利用可能かなどをチェックしてください。確認できたら最初のセットアップは完了です。

● 再起動後のRaspbian Desktop（Buster）

## ▶ Raspbian Desktopの基本操作

　初期設定が完了したら、Raspbian Desktop（デスクトップ）の基本操作を理解しましょう。ただし、今後の電子工作では、このGUI環境（グラフィカル・ユーザー・インターフェース。デスクトップ環境）はほとんど使いません。基本的に、LAN内のパソコンなどから「**SSH**」（セキュアシェル）を使った**CLI**（コマンド・ライン・インタフェース。コマンド操作）で操作することが多いためです。そのため、最低限のデスクトップ操作さえ覚えてしまえばそれで大丈夫です。

　デスクトップ画面左上のラズベリーアイコン（🍓）をクリックすると、メニューが表示されます。よく使うツールは「アクセサリ」と「設定」メニューの内にあるので、簡単に確認します。

　試しに、アクセサリ内の「**LXTerminal**」を選んでみましょう。これは「**ターミナル**」や「**端末**」と呼ばれるソフトです。Raspberry Piのデスクトップ環境でCLI操作を行うときに使用します。

● Raspberry Piメニュー

● LXTerminalの起動

Chapter 2 | Raspberry Piの準備

「**アクセサリ**」から「**Text Editor**」を選択してみましょう。Raspbianに標準で用意されている「**Leafpad**」というGUIテキストエディタです。Windowsの「メモ帳」のようにテキストの表示・編集ができます。

● Leafpadの起動

「アクセサリ」メニューの一番下には「**ファイルマネージャ**」があります。これは、Windowsの「Explorer」のように、ファイルやディレクトリの操作や作成、プログラムの実行などをGUIベースで行うツールです。

● ファイルマネージャの起動

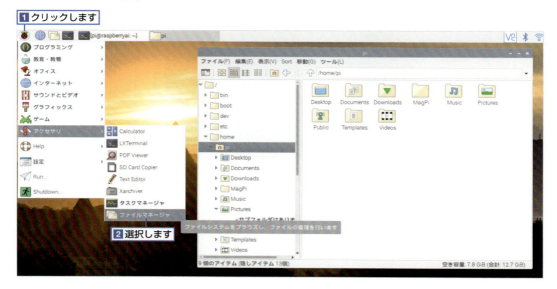

「インターネット」の中には、Raspbian標準のウェブブラウザ「**Chromium**」があります。Raspberry Pi上でWebサイトを閲覧したりする場合に使用します。

● Chromiumの起動

「**プログラミング**」メニューには、PythonやScratchなどのプログラミング言語用のツールが用意されています。

●「プログラミング」メニュー

## Chapter 2 | Raspberry Piの準備

● Scratch2開発環境

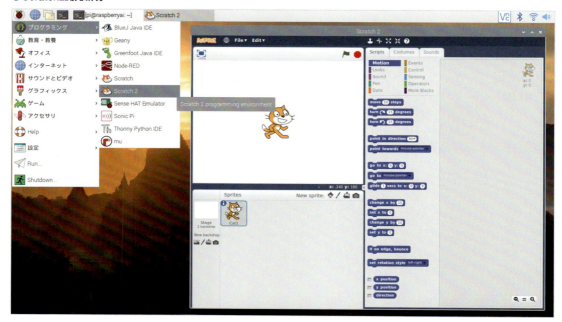

　「**設定**」メニューから「**Raspberry Piの設定**」を選択すると、システム上の様々な設定が可能です。先ほど実行したセットアップ内容を確認したり、設定内容の変更が可能です。なお、Raspberry Piの詳細設定は、CLIベースの設定ツール「**raspi-config**」で設定する方法を後ほど解説します（p.48参照）。

●「Raspberry Piの設定」ツール

メニューの一番下に「**Shutdown**」があります。このメニューからシステムの停止（Shutdown）、再起動（Reboot）、ログアウト（Logout）が可能です。

●システムのシャットダウンが可能

![シャットダウン画面]

ターミナルやブラウザなどのソフトは、画面上部の左上にショートカットアイコンが配置されています。これをクリックしても起動できます。

●ショートカットアイコンからの起動

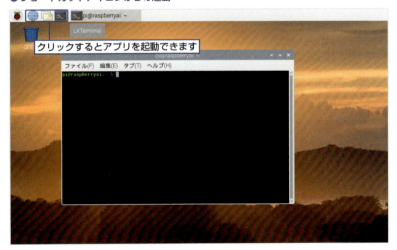

画面右上には基本的なインジケータが表示されています。初期状態では「キーボード」、「Bluetooth接続」、「ネットワーク接続」（無線LAN接続している場合は「無線LAN接続」）、「音量」（音声再生機能）、「CPU使用量」、「時刻」などが並んでいます。

「Bluetooth接続」、「ネットワーク接続」、「音量」は、有効になっている場合は青色で表示されます。ネットワーク接続と音量が有効になっていることを確認してください。

● ネットワーク接続や音量の確認

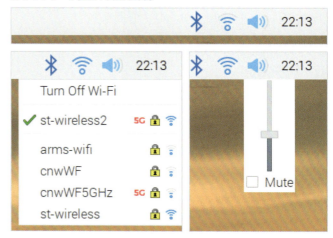

## ▶ raspi-configでの詳細設定

Raspberry Piの詳細な設定を行うのに、本書ではコマンドラインの設定ツール「**raspi-config**」を用いた方法を解説します。CLIで設定を行うメリットは、他のパソコンやMacなどからRaspberry Piへリモートログインしている際にもRaspberry Piの設定が可能な点です。

raspi-configはコマンドラインツールなので、「アクセサリ」メニューから「LXTerminal」を選択して端末アプリを起動します。また、raspi-configの実行には管理者権限が必要です。「sudo raspi-config」とコマンドを実行します。パスワード入力を求められたら、piユーザーのパスワードを入力します。

```
$ sudo raspi-config ⏎
```

「**Raspberry Pi Software Configuration Tool**」画面が表示されます。設定項目は次のように1～9まであります。

● raspi-configのメニュー

1 Change User Password
2 Network Options
3 Boot Options
4 Localisation Options
5 Interfacing Options
6 Overclock
7 Advanced Options
8 Update
9 About raspi-config

●詳細設定画面が開く

　ここからは、本書で解説する内容に適した環境を整えるために、いくつか設定を抜粋して行います。特にインタフェースの設定などは、解説通りに設定しないと書籍の内容を上手く実行できないことがありますので、注意してください。

### ホスト名の設定

　最初に、Raspberry Piに設定された「**ホスト名**」を変更します。ホスト名とは、ネットワーク上で使うその機器の名称のようなものです。
　キーボードの上下カーソルキー（↑↓）を使って「2 Network Options」を選択し、Enterキーを押します。

●「2 Network Options」の選択

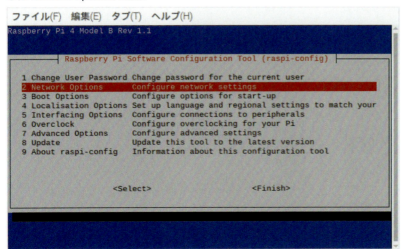

ネットワーク設定項目が表示されます。「N1 Hostname」を選択すると、ホスト名を変更できます。

● Network Options設定画面

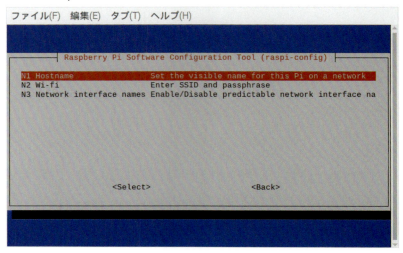

RFC（インターネット技術の標準化を行う技術仕様をまとめた文書群）に基づくホスト名命名のルールが表示されます。「＜了解＞」を選択して先に進みます。

● ホスト名の付け方に関する警告

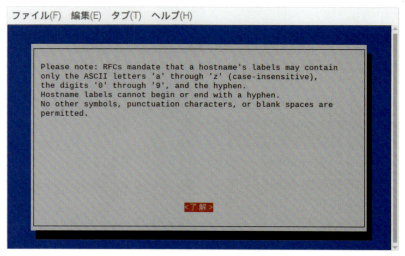

Raspbianの初期設定ホスト名は「raspberrypi」ですが、初期設定のまま使用していると同一ホスト名が重複する恐れもありますので、これを任意の名称に変更しましょう。図では「raspberryai」と変更しています。任意

の文字列を入力したら、右カーソルキー（→）かあるいは Tab キーを押して「＜了解＞」を選択して Enter キーを押します。

● Hostname設定画面

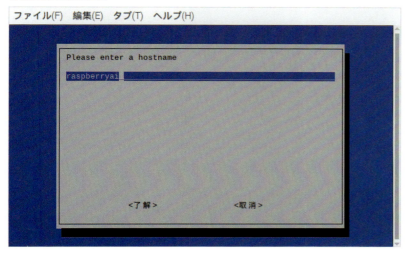

### インタフェースの設定

電子工作を行うためには、様々なインタフェースを有効にする必要があります。Raspberry Pi上のカメラや「SPI」「I2C」「GPIO」など機器の接続インターフェースを有効にする他、Raspberry Piをリモート管理するためにSSH（セキュア接続）やVNC（Virtual Network Computing、コンピュータを遠隔操作するためのソフト）なども有効にします。

「5 Interfacing Options」を選択します。

● 「5. Interfacing Options」を選択

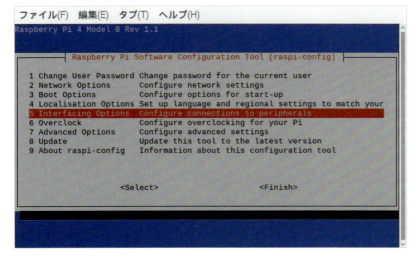

P1 〜 P8までの設定項目が並んでいます。まずカメラを有効にするため「P1 Camera」を選びます。

● 「P1 Camera」を選択

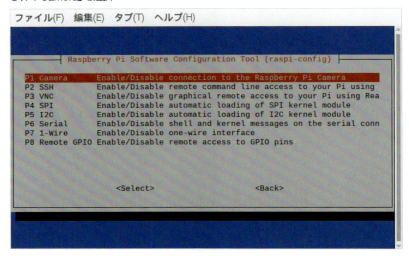

● カメラをEnableに設定

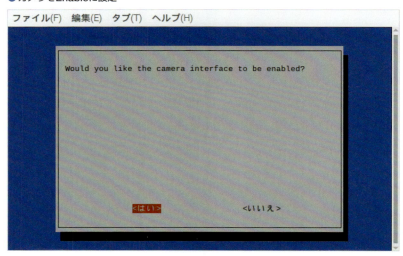

カメラインタフェースが有効になりました。「＜了解＞」を選択して次に進みます。

●カメラが有効になった

次に、SSH（セキュアシェル）によるリモートログインを有効にします。「P2 SSH」を選択します。

●「P2 SSH」を選択

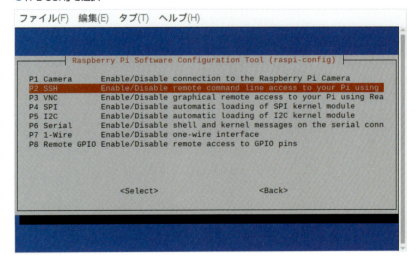

SSHを有効にするか尋ねられるので「＜はい＞」を選択します。SSHについてはp.59で解説します。

●SSHを有効にする

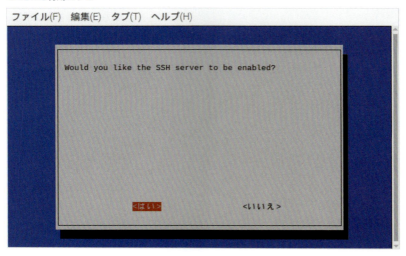

SSHが有効になりました。「＜了解＞」を選択して次に進みます。

●SSHを有効にする

次に高度な設定を行います。「7 Advanced Options」を選択します。

●Advanced Options設定画面

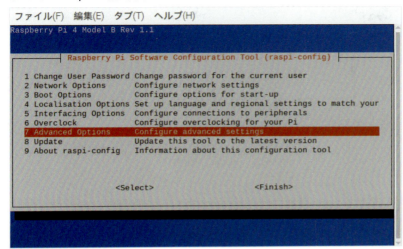

microSDカード容量を余す事なくRaspberry Piで使うため、「A1 Expand Filesystem」を選択して容量の拡張を行います。

●容量の拡張

また、作例の中でRaspberry Piのオーディオ機器を使うための設定を行います。「A4 Audio」を選択すると、優先使用するオーディオの選択ができます。

● Audio設定画面

「1 Force 3.5mm ( 'headphone' ) jack」を選択して、3.5mm Jackを優先的に使うように設定します。

● 3.5mm Jackの優先使用設定

一連の設定が完了したら、「＜Finish＞」を選択して設定を終了します。

●設定の終了

　再度システムの再起動を求められます。再起動して、各設定が有効になっているか確認できたら、Raspberry Piの基本設定は完了です。

●再起動

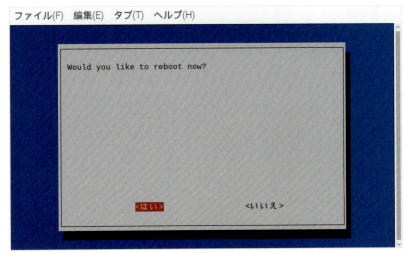

Chapter 2 | Raspberry Piの準備

# Section 2-3　Raspberry Piへの接続方法と使い方

Raspberry Pi上でRaspbianが起動したところで、これから電子工作を行なっていく上での開発環境を整えます。具体的には、SSHやVNCを使ったリモート接続環境の構築や、基本的なコマンドの使用方法を学びます。

## ▶ Raspberry Piへの接続方法

　Raspberry Piを運用する方法は様々あります。Raspberry Piのディスプレイやキーボード・マウスなどを接続して通常のパソコンのように使う方法や、ネットワーク経由で他のパソコンからリモート運用する方法です。リモート運用にもGUIとCLIで行う方法があります。

● Raspberry Piとの接続方法

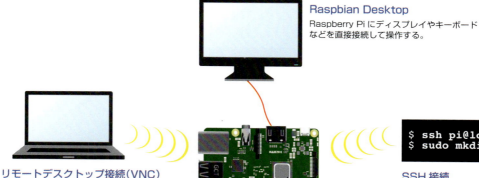

### ● Raspbian Desktopを直接操作
　Raspberry Piにディスプレイやキーボードなどを接続して操作する方法です。Section 2-2で、Raspbianの初期設定をした際に説明した方法です。

### ● SSH接続
　**SSH**（Secure SHell）は、通信を暗号化してセキュア（安全に）データの送受信を行う方式です。CLI

で、離れたコンピュータからWifiやLANを介し、Raspberry Piを操作します。

### ● リモートデスクトップ接続（VNC）

**VNC**を利用すると、SSH接続と同様にRaspberry Piへネットワーク経由で他のコンピュータからリモートアクセスし、仮想的にRaspberry Piのデスクトップを立ち上げて操作できます。Raspbian Desktopに近いGUI（グラフィカル）環境が使えます。

Raspberry Piを常にディスプレイやキーボードなどにつないでおくと、その分の周辺機器が必要です。また、Raspberry Piの電子工作でモバイル機器などを作った時は、リモート操作をする必要も出てきます。

本書では基本的にSSHで接続して運用する方法を主として、必要に応じてVNCによるリモートデスクトップも使っていきます。以降の方法でそれぞれの接続ができるようにRaspberry Piに設定しておいてください。

## ▶ SSHでの接続

Raspberry Piへ**SSH**接続するには、Section 2-2で解説した「raspi-config」で、あらかじめSSHを有効にしておく必要があります（p.54参照）。p.62のNOTE「Raspberry Piのセットアップをヘッドレス（画面無し）で行う方法」では、画面を使わずにSSH設定をする方法も解説します。Section 2-2で解説した方法でRaspberry Piのホスト名やIPアドレスを変更している場合は、それを確認しておきます。Raspberry PiにSSHで接続するパソコンやMacは、Raspberry Piと同じネットワーク内にあるものとします。

手元のパソコンやMac上で端末ソフトを起動します。Windowsであれば「Tera Term」、Macであれば「ターミナル」を起動してください。

### Windowsの場合

**Tera Term**を起動すると「Tera Term: 新しい接続」というダイアログが表示されます。「ホスト」欄に、Raspberry Piのホスト名（本書の例では「raspberryai」）あるいはIPアドレスを入力します。「TCPポート」が「22」になっているのを確認して（異なる数字だった場合は22に変更してください）、「OK」ボタンをクリックします。

● Tera Term: 新しい接続

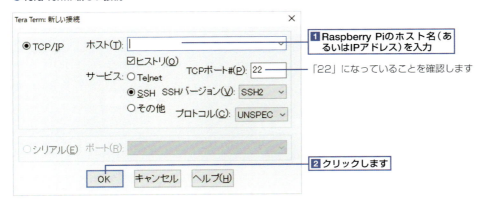

「SSH認証」ダイアログが表示されます。「ユーザー名」欄に「pi」、「パスフレーズ」欄にpiユーザーのパスワードを入力して「OK」ボタンをクリックします。

●ユーザー名とパスワードを入力

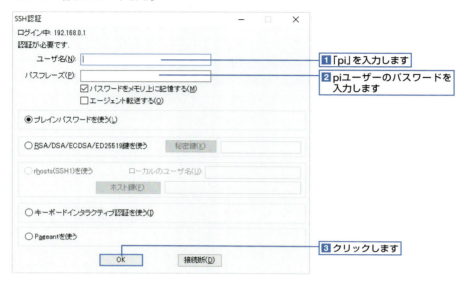

### Macの場合

Macの場合は、**ターミナル**上で次のように「ssh」コマンドを実行します。[Raspberry PiのIPアドレス]または[Raspberry Piのホスト名]部分は、自分の環境に合わせて読み替えてください。

●MacのターミナルでRaspberry PiにSSH接続する

```
$ ssh pi@[Raspberry PiのIPアドレス]
```

```
$ ssh pi@[Raspberry Piのホスト名].local
```

初回接続時には、「Are you sure you want to continue connecting (yes/no)?」（接続を継続しますか？）と確認を求められるので「yes」と入力します。その後、パスワード入力が求められるので、piユーザーのパスワードを入力します。

```
Last login: Wed Jul  3 09:54:36 on console
st-mac08-no-iMac:~ stmac08$ ssh pi@192.168.0.191
The authenticity of host '192.168.0.191 (192.168.0.191)' can't be established.
RSA key fingerprint is ea:d7:ab:cb:8a:b6:b9:44:01:16:f8:69:41:c1:72:16.
Are you sure you want to continue connecting (yes/no)? yes     ← 入力します
Warning: Permanently added '192.168.0.191' (RSA) to the list of known hosts.
pi@192.168.0.191's password:     ← パスワードを入力します
Linux raspberryai 4.19.50-v7l+ #895 SMP Thu Jun 20 16:03:42 BST 2019 armv7l
```

```
The programs included with the Debian GNU/Linux system are free software;
the exact distribution terms for each program are described in the
individual files in /usr/share/doc/*/copyright.

Debian GNU/Linux comes with ABSOLUTELY NO WARRANTY, to the extent
permitted by applicable law.
Last login: Tue Jul  2 21:24:53 2019
pi@raspberryai:~ $
```

「pi@[Raspberry Piのホスト名]」とプロンプトが表示されたら、Raspberry PiにSSH接続できました。接続できない場合は、ユーザー名やパスワードの入力が間違っていないか、今一度確認してください。

## » コマンドの実行

SSHでログインできたら、簡単なコマンドを使ってみましょう。「**ls**」コマンドを実行すると、作業中のディレクトリ（フォルダ）内にあるファイル・フォルダが表示されます。通常、何も指定せずにSSH接続した場合、ログインユーザーのホームディレクトリにログインするため、そこでlsコマンドを実行すると、ホームディレクトリ内のファイルやフォルダが一覧表示されます。

```
pi@raspberryai:~ $ ls   1 入力します
Desktop    Downloads  Music     Public     Videos
Documents  MagPi      Pictures  Templates         2 ファイル・フォルダが表示されました
pi@raspberryai:~ $
```

**NOTE**

**フォルダとディレクトリ**

WindowsやMacなどで使われる「フォルダ」と、Linux上の「ディレクトリ」は同じものです。どちらで呼んでも問題ありませんが、本書では基本的に「ディレクトリ」と表記しています。

SSHでの接続を終了させる場合は「exit」コマンドを実行します。コマンドを実行したらすぐに接続が解除されます。

今後、このようなSSH接続でRaspberry Piを操作していきます。

### NOTE

**Raspberry Piのセットアップをヘッドレス（画面無し）で行う方法**

Raspberry Piをセットアップする際、HDMI接続のディスプレイなどがない場合に、完全にヘッドレス（画面無し）で行う方法もあります。
まず、Section2-1のRaspbianのイメージファイルの書き込み（p.33～36）まで行なっておきます。
microSDカードの「boot」ディレクトリ内に移動します。エクスプローラーかコマンドプロンプトどちらでアクセスしても構いませんが、boot直下に「ssh」という拡張子無しのファイルを作ります。中には何の記述も必要ありません。このsshファイルを置いておくと、最初にこのディスクをRaspberry Piで読み込んだ時に、セキュア接続のsshがenable（有効）状態になり、画面でのセットアップ無しですぐにリモート接続できるようになります。Raspberry Piに有線LANケーブルを接続しておけば、この状態でSSHでログイン可能です。
無線LANのセットアップも、「wpa_supplicant.conf」というファイルをboot直下に置くことで、最初から読み込ませることができます。

● ssh と wpa_supplicant.conf をboot直下に配置する

```
          :boot     $ sudo vi wpa_supplicant.conf
          :boot     $ ls
COPYING.linux              cmdline.txt              kernel8.img
LICENCE.broadcom           config.txt               overlays
bcm2708-rpi-b-plus.dtb     fixup.dat                ssh
bcm2708-rpi-b.dtb          fixup4.dat               start.elf
bcm2708-rpi-cm.dtb         fixup4cd.dat             start4.elf
bcm2708-rpi-zero-w.dtb     fixup4db.dat             start4cd.elf
bcm2708-rpi-zero.dtb       fixup4x.dat              start4db.elf
bcm2709-rpi-2-b.dtb        fixup_cd.dat             start4x.elf
bcm2710-rpi-2-b.dtb        fixup_db.dat             start_cd.elf
bcm2710-rpi-3-b-plus.dtb   fixup_x.dat              start_db.elf
bcm2710-rpi-3-b.dtb        issue.txt                start_x.elf
bcm2710-rpi-cm3.dtb        kernel.img               wpa_supplicant.conf
```

wpa_supplicant.confの中には、次のようなWi-Fi接続情報を記述しておく必要があります。Raspberry Piが接続する、自分の環境の無線LANアクセスポイントの情報を記述して保存してください。

● wpa_supplicant.confファイルの中のサンプル記述

**wpa_supplicant.conf**

```
country=JP
ctrl_interface=DIR=/var/run/wpa_supplicant GROUP=netdev
update_config=1
network={
    ssid="ネットワークのSSID"
    psk="wifiネットワークのパスワード"
}
```

sshファイルとwpa_supplicant.confファイルをmicroSDカードのbootディレクトリに格納し、そのカードをRaspberry Piに差し込みます。Raspberry Piを起動するとsshリモート接続ができるようになります。
Raspberry PiにSSHでログインする際のホスト名は「raspberrypi」、ユーザー名は「pi」（Macからは「pi@raspberrypi.local」）です。piユーザーの初期設定パスワード（「raspberry」）を入力してログインできます。（SSHでRaspberry Piへログインする方法はp.59参照）。

## リモートデスクトップ接続環境を整える

本書では今後はSSH接続による操作が基本ですが、場合に応じてRaspberry Piのデスクトップ操作が必要な時があります。そのような場合は、リモートデスクトップ環境を利用します。ここでは、デスクトップ環境にリモートで（パソコンなどから）アクセスする方法を解説します。

リモートデスクトップ環境を利用するには「**VNC**（Vertual Network Computing）」という仕組みを導入します。VNCは、Raspberry Pi側に「VNCサーバー」を導入して、操作するパソコンやMac側に「VNCクライアント」を導入して実装します。本書では「**TightVNC**」のサーバーおよびクライアントソフトを導入します。

### » Raspberry Pi上での設定（VNCサーバーの導入と設定）

最新のRaspbianにはVNCが初期状態で入っていますが、ここではコマンド作業に慣れる目的も兼ねて、TightVNCのVNCサーバーを手動でインストールする方法を紹介します。

まず、Raspberry PiにSSHで接続するか、Raspberry Pi上のデスクトップ環境で端末ソフトを起動し、コマンドが実行できる状態にしてください。

次のようにコマンドを実行します。アプリのインストールは、「**apt**」コマンドに「install」オプションを付けて実行します。Tight VNCのサーバーは「tightvncserver」と指定します。また、管理者権限が必要ですので「sudo」を付けて実行します。パスワード入力を求められたら、piユーザーのパスワードを入力してください。

コマンドを実行すると、インストールを実行するか否かの確認を求められます。インストールして問題なければ「y」を入力します。

```
$ sudo apt install tightvncserver ⏎
```

```
$ sudo apt install tightvncserver ⏎
パッケージリストを読み込んでいます... 完了
依存関係ツリーを作成しています
状態情報を読み取っています... 完了
以下の追加パッケージがインストールされます：
  xfonts-base
提案パッケージ：
  tightvnc-java
以下のパッケージは「削除」されます：
  realvnc-vnc-server
以下のパッケージが新たにインストールされます：
  tightvncserver xfonts-base
アップグレード： 0 個、新規インストール： 2 個、削除： 1 個、保留： 0 個。
6,448 kB のアーカイブを取得する必要があります。
この操作後に 27.4 MB のディスク容量が解放されます。
続行しますか？ [Y/n] y ⏎ ── 入力します
取得:1 http://ftp.tsukuba.wide.ad.jp/Linux/raspbian/raspbian buster/main armhf tight
vncserver armhf 1:1.3.9-9+b5 [551 kB]
取得:2 http://ftp.tsukuba.wide.ad.jp/Linux/raspbian/raspbian buster/main armhf xfon
ts-base all 1:1.0.5 [5,897 kB]
```

Chapter 2 | Raspberry Piの準備

```
6,448 kB を 5秒 で取得しました (1,247 kB/s)
(データベースを読み込んでいます ... 現在 132805 個のファイルとディレクトリがインストールされています。)
realvnc-vnc-server (6.4.1.40826) を削除しています ...
以前に未選択のパッケージ tightvncserver を選択しています。
(データベースを読み込んでいます ... 現在 132726 個のファイルとディレクトリがインストールされています。)
.../tightvncserver_1%3a1.3.9-9+b5_armhf.deb を展開する準備をしています ...
tightvncserver (1:1.3.9-9+b5) を展開しています ...
以前に未選択のパッケージ xfonts-base を選択しています。
.../xfonts-base_1%3a1.0.5_all.deb を展開する準備をしています ...
xfonts-base (1:1.0.5) を展開しています ...
tightvncserver (1:1.3.9-9+b5) を設定しています ...
update-alternatives: /usr/bin/vncserver (vncserver) を提供するために自動モードで /usr/bin/t
ightvncserver を使います
update-alternatives: /usr/bin/Xvnc (Xvnc) を提供するために自動モードで /usr/bin/Xtightvnc を
使います
update-alternatives: /usr/bin/vncpasswd (vncpasswd) を提供するために自動モードで /usr/bin/t
ightvncpasswd を使います
xfonts-base (1:1.0.5) を設定しています ...
fontconfig (2.13.1-2) のトリガを処理しています ...
desktop-file-utils (0.23-4) のトリガを処理しています ...
mime-support (3.62) のトリガを処理しています ...
hicolor-icon-theme (0.17-2) のトリガを処理しています ...
gnome-menus (3.31.4-3) のトリガを処理しています ...
man-db (2.8.5-2) のトリガを処理しています ...
shared-mime-info (1.10-1) のトリガを処理しています ...
$
```

> **NOTE**
>
> **「-y」オプションを付けて実行**
>
> apt installコマンドに「-y」オプションを付けて実行すると、インストール時の問い合わせに、自動的にすべて「y」を返して実行します。

　依存関係のチェックの後、ネットワーク経由でTightVNCサーバー（と依存関係を解消するためにインストールする必要があるアプリがあれば一緒に）がダウンロードされ、インストールが実行されます。

　インストールが完了したら、早速TightVNCの設定を行いましょう。ターミナル上で「tightvncserver」と入力します。

```
$ tightvncserver⏎

You will require a password to access your desktops.

Password:
Verify:
Would you like to enter a view-only password (y/n)? n⏎

New 'X' desktop is raspberryai:1
```

64

```
Creating default startup script /home/pi/.vnc/xstartup
Starting applications specified in /home/pi/.vnc/xstartup
Log file is /home/pi/.vnc/raspberryai:3.log
```

　最初に、TightVNCサーバーにクライアントからアクセスする場合に入力するパスワードを設定します。「Password:」に続けてパスワードに設定する任意の文字列を入力し、「Verify:」に続けて同じパスワードをもう一度入力します。これで、TightVNCサーバーにアクセスする設定が整いました。

　なお「view-only」モードのパスワード設定は、設定してもしなくても本書で解説する内容には関係ありません。例では「n」を入力してパスワード設定をしていませんが、「y」を入力すると同様にパスワード設定を行います。

## » パソコンやMac上でVNCクライアントを使う

　VNCサーバーの設定が完了したので、パソコンやMacからリモートデスクトップを利用してみましょう。

### Macの場合

　Macの場合は、VNCクライアントソフトのインストールは必要ありません。Finderを起動して、上部のメニューから「移動」➡「サーバへ接続」を選択します。

●「サーバーへ接続」を選択する

「サーバへ接続」画面が開きます。「vnc://[Raspberry Piのホスト名].local:5901」あるいは「vnc://[IPアドレス]:5901」と入力し「接続」ボタンをクリックします。

●VNCでRaspberry Piに接続する

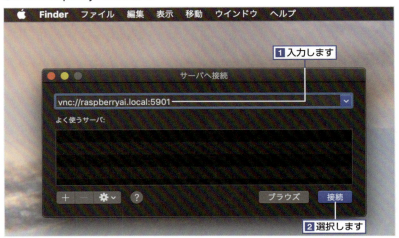

パスワード入力のダイアログが表示されたら、設定したVNCのパスワードを入力して「サインイン」ボタンをクリックします。

●VNCのパスワードを入力

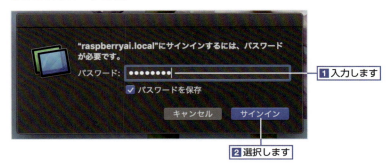

Raspberry Pi上と同様のデスクトップ環境が、Mac上のウインドウの1つとして表示されます。操作はGUIベースで、ほとんど全ての機能を使うことができます。

● TightVNCのリモートデスクトップ画面（Mac上）

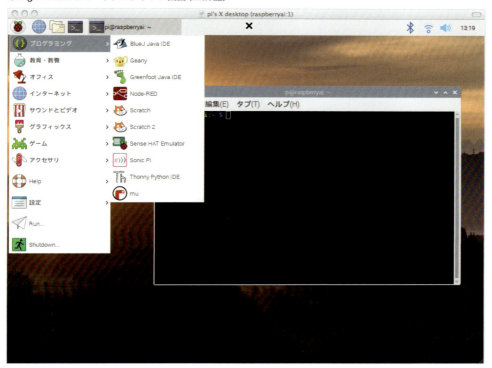

## WindowsからのVNC接続方法

　Windowsからのリモートデスクトップ接続は、「**RealVNC**」の「VNC Viewer」（VNCクライアントソフト）をインストールして接続します。

　Windows上でブラウザを起動して、RealVNCのVNC ViewerのWindows版のダウンロードページ（https://www.realvnc.com/en/connect/download/viewer/windows/）へアクセスし、「Download VNC Viewer」をクリックすれば、VNC Viewerのインストーラをダウンロードできます。

●VNC Viewerダウンロードページ（https://www.realvnc.com/en/connect/download/viewer/windows/）

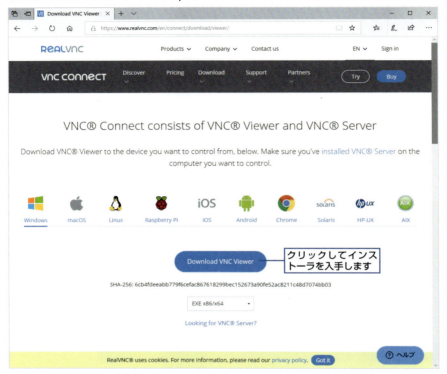

　インストールしたVNC Viewerを起動して、Raspberry Piにリモートデスクトップ接続します。VNC Viewerを起動し、画面左上の「Enter a VNC Server address or search」に「[Raspberry PiのIPアドレス]:5901」を入力して Enter キーを押します。

●VNC Viewerを起動してRaspberry Piへアクセスする

　暗号化されていない通信である旨の警告が表示されます。「Continue」ボタンをクリックしてアクセスを続行します。

●暗号化されていない通信であることの警告

**NOTE**
**再び警告を表示させない方法**
「Dont's warn me about this again on this computer.」にチェックを入れると、この警告は表示されなくなります。

クリックして継続します

　VNCサーバーにアクセスする際に必要なパスワードの入力を求められます。p.65で設定したVNCサーバーのパスワードを入力して「OK」ボタンをクリックします。

●パスワードの入力

**NOTE**
**再びパスワードを入力しないで済む方法**
「Remember password」にチェックを入れると、次回以降のログインの際にパスワード入力を求められなくなります。

1 入力します
2 クリックします

Chapter 2 | Raspberry Piの準備

これでWindows上からリモートデスクトップ環境へアクセスできました。

● TightVNCのリモートデスクトップ画面（Windows上）

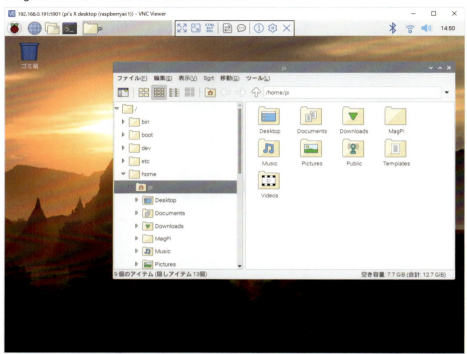

# Chapter 3

## Raspberry Piでのプログラミングとインターフェース

Raspberry Piで電子工作を行うに当たり、プログラミングと他の機器への接続（インターフェース）が重要です。この章では、Raspberry Piで代表的なプログラミング言語であるPythonの基本を学びます。また数多くあるRaspberry Piと機器を接続する方法、インターフェースを理解します。

Section 3-1 ▶ **Raspberry Piの基本的コマンド操作**
Section 3-2 ▶ **Raspberry Piでのプログラミングの基本**
Section 3-3 ▶ **Raspberry Piのインターフェース**

Chapter 3 | Raspberry Piでのプログラミングとインターフェース

## Section 3-1 ▶ Raspberry Piの 基本的コマンド操作

Raspberry Piを使いこなす第一歩として、そのOSであるRaspbian（Linux）の基本的な操作方法を解説します。この後、プログラミングでも必要となってくるコマンドでの操作なので、しっかり理解しておいてください。

### ▶ Raspberry Piでの基本的なコマンド操作

ここでは、Raspberry Pi上でコマンドを実行する際の基本を解説します。他のパソコンやMacからSSHで接続した際や、Raspberry Piのデスクトップ上で端末ソフトを利用した場合に、コマンド操作が行えます。あくまで基本的なコマンド操作方法なので、本格的にLinuxコマンドについて学びたい場合は、別途書籍などをご参照ください。

まず「**pwd**」というコマンドを実行してみましょう。pwdコマンドは、現在の作業ディレクトリ（**カレントディレクトリ**）を表示するためのコマンドです。

```
$ pwd ⏎
/home/pi
```

特別なこと（cdコマンドで作業ディレクトリを移動するなど）をしていなければ、コマンドを実行しているpiユーザーの**ホームディレクトリ**で作業しているはずなので、/home/piと表示されます。

ちなみに、Raspbianではpi以外にも複数のユーザーを作成できます。その場合、基本的に/homeディレクトリ内に、ユーザー名でディレクトリが作成され、それがそのユーザーのホームディレクトリとなります。

#### » 新規ディレクトリの作成

ここでは、コマンドで新しいディレクトリを作成してみましょう。ここでは、ユーザーのホームディレクトリ以下に、プログラムなどを格納する「Programs」というディレクトリを作成します。

ディレクトリの作成には「**mkdir**」というコマンドを使用します。mkdirコマンドを実行する際、場所の指定をしなければカレントディレクトリの中にディレクトリを作成しますが、ここでは、ディレクトリを作成する場所を「~/」と指定して実行します。~/というのは、コマンドを実行するユーザーのホームディレクトリ（ここでは/home/pi/）を指しています。

mkdirコマンドでディレクトリを作成したら、lsコマンドで確認してみましょう。「Programs」ディレクトリができているのがわかります。

Section ▶ 3-1 | Raspberry Piの基本的コマンド操作

```
$ mkdir ~/Programs ⏎
$ ls ⏎
Desktop     Downloads    Music      Programs    Templates
Documents   MagPi        Pictures   Public      Videos
```

今後はこのProgramsフォルダに、Raspberry Piで作ったプログラムを格納していきます。
続いて「**cd**」コマンドでこのフォルダの中に移動します。

```
$ cd ~/Programs ⏎
```

## » ファイルのコピー・移動（ファイル名変更）・削除

Programsフォルダに移動したら、適当なファイルを作成してみます。ファイル作成には「**touch**」コマンド
を使用します。touchコマンドに続けて、新規に作成するファイル名を指定します。次の例では「test」という
ファイルを作成しています。touchコマンドでファイルを作成したら、lsコマンドで確認してみましょう。

```
$ touch test ⏎
$ ls ⏎
Desktop     Downloads    Music      Programs    Templates   test
Documents   MagPi        Pictures   Public      Videos
```

作成したtestファイルをコピー（複製）してみます。ファイルのコピーは「**cp**」コマンドを用います。次の例
では「test」ファイルを「test2」ファイルにコピーしています。

```
$ cp test test2 ⏎
$ ls
Desktop     Downloads    Music      Programs    Templates   test
Documents   MagPi        Pictures   Public      Videos      test2
```

ファイルの移動には「**mv**」コマンドを使用します。また、mvコマンドはファイル名の変更にも利用できます。
つまりmvコマンドは「移動元ファイルを指定した先に指定したファイル名で格納する」コマンドというわけで
す。次の例では、さきほど複製したtest2ファイルをtest3ファイルにファイル名を変更しています。

```
$ mv test2 test3 ⏎
$ ls
Desktop     Downloads    Music      Programs    Templates   test
Documents   MagPi        Pictures   Public      Videos      test3
```

ファイル削除には「rm」コマンドを使用します。rmに続いて削除するファイル名を指定します。

```
$ rm test3
$ ls
Desktop      Downloads   Music       Programs    Templates   test
Documents    MagPi                   Pictures    Public      Videos
```

> **NOTE**
> **コマンドの便利な「履歴機能」「補完機能」**
> Raspberry Piでコマンドを実行する際に、覚えておくと便利な機能があります。それが「**履歴機能**」と「**補完機能**」です。
> コマンド入力時に、プロンプトが出ている状態でキーボードの上下カーソルキー（↑ ↓）を押すと、過去に実行したコマンドを再表示します。繰り返し同じコマンドを実行したり、入力ミスなどで上手くコマンドを実行できなかったときの確認等に便利です。
> また、コマンドを実行する際に、コマンドの一部分を入力して Tab キーを押すと、補完候補を表示してくれます。補完機能はコマンド（実行ファイル）だけではなく、ファイル名やパス（p.155のNOTEを参照）などにも有効です。cdコマンドやcpコマンドなどで深い階層（パス）を指定したいときなどは、補完機能を使って指定すると入力が楽になります。

## » パッケージのインストールやアップデート、アンインストール

Raspberry PiのOSであるRaspbianでパッケージ（ソフトウェア）のインストールやアップデート、アンインストールを行うのには「**apt**」というコマンドを使います。aptはパッケージを管理するコマンドで、aptに続けて「install」や「update」などのサブコマンドを付けて用います。

### 管理者権限について

パッケージ管理を行う場合には、「**管理者権限**」が必要です。詳しい説明は割愛しますが、OSのシステム領域に関わるファイル操作には、管理者権限が必要になることがある、と理解してください。

Raspberry Piでは、管理者権限が必要なときは「**sudo**」というコマンドを使用します。sudoに続いて、実行したいコマンドを指定します。aptの場合はapt自身にサブコマンドがあるため、コマンドを3つ続ける必要があるので注意してください。

パッケージのインストールは「apt install」コマンドで行います。apt installコマンドに続いて、インストールしたいパッケージ名を指定します。インストールには管理者権限が必要なので、先程解説したsudoコマンドを付けて次のように実行します。

```
$ sudo apt install [パッケージ名]
```

ちなみにapt installコマンドは、後に指定するパッケージがシステムにインストールされていなければインストールを実行し、システムにインストールされていればパッケージのアップデートを行います。

パッケージのアンインストールは「apt remove」コマンドで行います。apt removeコマンドに続いて、アンインストールしたいパッケージ名を指定します。インストールには管理者権限が必要なので、sudoコマンドを付けて次のように実行します。

```
$ sudo apt remove [パッケージ名]
```

システムにインストールされているパッケージ全体の更新を一度に行うことも可能です。パッケージを更新する場合は、まず「apt update」コマンドを実行してリポジトリ（パッケージのデータベース）一覧を更新してから、「apt upgrade」コマンドを実行します。パッケージの更新には管理者権限が必要なので、sudoコマンドを付けて次のように実行します。

```
$ sudo apt update 
$ sudo apt upgrade 
```

## » コマンドによるRaspberry Piの再起動や停止

SSH接続している状態で、Raspberry Piを再起動する場合は「**reboot**」コマンドを実行します。停止する場合は「**shutdown**」コマンドを用います。「shutdown now」と指定すると、すぐにシャットダウンを実行します。再起動や停止には管理者権限が必要なので、sudoコマンドを付けて実行します。

● 再起動
```
$ sudo reboot 
```

● 停止
```
$ sudo shutdown now 
```

● シャットダウン実行例
```
$ sudo shutdown now 
Connection to raspberryai.local closed by remote host.
Connection to raspberryai.local closed.
$
```

なお、再起動やシャットダウンを実行すると、SSHでの接続が中断されます。再びシステムが起動した後にログインし直す必要があります。

Chapter 3 | Raspberry Piでのプログラミングとインターフェース

## ▶ テキストエディタ「vi」の操作方法

　「vi」はコマンドラインで利用できるテキストエディタです。コマンドラインで利用できるので、ネットワーク越しでテキストファイルを作成したり、設定ファイルの編集を行ったりするのに役立ちます。操作する際に幾つかショートカットを覚える必要があり、最初は若干取っつきにくいですが、ほとんどのLinuxやUnixシステムにデフォルトで用意されているので、テキスト操作の基本として覚えておくと便利です。

　まず、「hello.py」というファイルを新規作成してみましょう。「.py」はPythonプログラムを表す拡張子です。「vi」コマンドに続けて「hello.py」と指定すると、hello.pyファイルを新規作成します。ちなみに既にhello.pyファイルが存在する場合は、既存のhello.pyファイルを編集します。

```
$ vi hello.py ⏎
```

　viが起動します。viには「**入力モード**」と「**コマンドモード**」があります。入力モードでは文字入力や削除などができます。コマンドモードでは、カーソル移動やファイル保存などといった作業ができます。viではこのモードを切り替えながら作業を行います。viはコマンドモードで起動します。入力モードへの切り替えは、「i」（現在のカーソル位置に挿入）または「a」（現在の行の行末に挿入）を入力して行います。入力モードからコマンドモードへ切り替えるには Esc キーを押します。

　さっそくhello.pyファイルを編集してみましょう。「i」を押すと入力モードになるので、テキスト入力できるようになります。次に、「print "Hello!"」と入力してみます。

● viの入力モード

Section ▶ 3-1 | Raspberry Piの基本的コマンド操作

　一度、入力モードからコマンドモードへ変更してみましょう。Escキーを押すとコマンドモードに戻ります。コマンドモードでは、キーボードで上下左右にカーソルを動かすことができます。コマンドモード時に、文字の横でXキーを押すと一文字削除します。カーソル行を一列全て削除したい場合は「dd」と入力します。

　なお、現在のモードか分からなくなったら、Escキーを押してコマンドモードにしておくと、タイプミスなどが防げます。

　viの終了方法を説明します。ファイル編集中に、コマンドモードで「:」（コロン）を入力し、「wq」と入力します。これは「上書きして終了」という意味で、ファイルが保存された状態でviが閉じます。なお、「:q!」と入れると「保存せずに終了」します。

　再びファイルを開く時は、そのファイル名を指定してviを実行します。

　よく使うviコマンドを次にまとめました。詳しくは「vi --help」を実行して表示されるviのhelpなどを参照してください。今後のプログラミングは基本的にviを使って行います。

● viの主要コマンド

| | | |
|---|---|---|
| 入力モードにする | i | 現在のカーソルから文字入力 |
| | a | 現在のカーソルの次文字に入力 |
| | A | 現在行末尾から入力 |
| | O | 現在行の前に行挿入 |
| コマンドモードに戻る | Escキー | コマンドモードに戻る |
| コマンドモード時 | :w | データ保存 |
| | :wq | データを保存して終了 |
| | :q! | データを保存せずに終了 |
| コマンドモード時の操作 | h（←） | 左 |
| | l（→） | 右 |
| | j（↑） | 上 |
| | k（↓） | 下 |
| | G | 文末へ |
| | nG | n行めへ（1Gで文頭） |
| | x | 一文字カット |
| | dd | 1行カット |
| | yy | 1行コピー |
| | p | ペースト |
| | /[検索文字（正規表現）] | 検索 |

Chapter

3

Raspberry Piでのプログラミングとインターフェース

Chapter 3 | Raspberry Piでのプログラミングとインターフェース

## Section 3-2 ▶ Raspberry Piでの プログラミングの基本

Raspberry Piでのプログラミングの基本を解説します。テキストエディタviを使って、Pythonプログラミングを行なっていきます。

## ▷ Raspberry Piでのプログラミング

　Raspberry Piを使って電子工作をする際、電子部品の様々な制御を行うためにプログラムが必要です。プログラムを作成する作業を「プログラミング」と呼びます。Raspberry Piでは各種プログラミング言語を使用（実行）できますが、言語ごとに用途や得意な領域などがあるので、代表的なものを列挙します。

### Python
　**Python**は「スクリプト言語」です。スクリプト言語は、プログラムコードを実行する際にコンパイル（コンピュータが理解できる機械語へ変換する作業）する必要がないことや、プログラムの記述が英語のような自然言語に近いことから、比較的容易に内容が把握でき、構文もシンプルで学習しやすいことが特徴です。Pythonはデータ解析やAI分野のライブラリが非常に充実しているので、その用途に向いています。

### Java
　**Java**は、Sun Microsystems社（現Oracle）が開発した、マルチプラットフォーム環境で動作するオブジェクト指向（独立した機能を持つオブジェクトを組み合わせた）プログラミング言語です。JVM（Java仮想マシン）で動作するため、同じプログラムを様々な環境上（Windows、Mac、Linuxなど）で動作させることが可能です。Javaは、プログラムを実行するために、プログラムコードをコンパイルする必要がある「コンパイル言語」です。

### JavaScript／Node.js
　**JavaScript**は名前にJavaが付いていますが、Javaとは違ったプログラミング言語です。実行にコンパイルが必要なJavaと違い、JavaScriptはスクリプト言語で、Webブラウザなどのクライアント側で動作します。このJavaScriptをサーバー上で動かすようにしたものが**Node.js**です。Node.jsは主にウェブの開発などに使われています。

## Ruby

**Ruby**は、日本人エンジニアのまつもとゆきひろ氏により開発された言語で、ビッグデータ解析などで多く使われています。Rubyはスクリプト言語でありながら、オブジェクト指向であるのが特徴です。

### その他C、C++など

Windowsの開発などでよく使われる**C**や**C++**は、専用のツール（コンパイラ）でコンパイルすることにより高度で高速な処理ができます。

本書ではRaspberry Pi開発でもっとも多く使われ、またライブラリなどのリソースも豊富にある**Python**を使って、プログラミング開発を行っていきます。

## ▶ Pythonでのプログラミングの基本

それでは、Raspberry PiでのPythonプログラミングの基本を学びましょう。ここではざっと要点をかいつまんで解説します。

Pythonには「**Python2**」と「**Python3**」の2つのバージョンがあります。どちらもRaspberry Piには初期状態で用意（インストール）されていますが、ここで特に断りなく「python」とコマンドを実行している場合は、Python2を使用しています。「python3」とコマンドを実行したり、Python3の仮想環境を使っている場合（p.151を参照）は、Python3を使用しています。（書籍後半はPython3を使用しますが、違いはその都度説明します）。

### » Pythonで最初のプログラミング

まず、p.76で作成した「hello.py」を、viで編集します。cdコマンドで、ホームディレクトリ内にあるProgramsディレクトリへ移動して、viコマンドでhello.pyファイルを表示します。

```
$ cd ~/Programs ⏎
$ vi hello.py ⏎
```

Chapter 3 | Raspberry Piでのプログラミングとインターフェース

●hello.pyを表示

```
ktr — pi@raspberryai: ~/Programs — ssh pi@raspberryai.local — 70×19
print "Hello!"

~
~
~
~
~
~
~
~
~
~
~
~
~
~
~
:wq
```

　「print "Hello!"」と記述してあるはずです。printは「画面に文字列を表示せよ」という命令です。「"」（ダブルクォーテーション）で括った文字列（ここでは「Hello」）を、画面に表示します。念のため上の図と同じであるか確認してください。 今回はhello.pyの内容を変更していませんが、もし異なっていたら修正します。Escキーを押してviをコマンドモードにした後「:wq」と入力して上書き保存します。

　次に、プログラムを実行します。「python」コマンドに続いて、実行するファイル名（今回は「hello.py」）を指定します。

```
$ python hello.py 
Hello!
```

　「Hello!」という文字が表示されたら成功です。

## » 日本語を扱うには

　Pythonで日本語などのマルチバイト文字を扱うためには工夫が必要です。マルチバイト文字を表示する際に「**文字コード**」を指定する必要があり、通常は「UTF-8」という文字コードを指定します。

　具体的には、プログラムの先頭で「# -*- coding: utf-8 -*-」と記述します。「hello_nihongo.py」ファイルをviで作成して、次のように日本語を含むPythonプログラムを作ってみましょう。

```
$ vi hello_nihongo.py 
```

**Section 3-2 | Raspberry Piでのプログラミングの基本**

● 日本語を表示するPythonプログラム

```
hello_nihongo.py
# _*_ coding: utf-8 _*_
print "ハロー日本語！"
```

ファイルを上書き保存し、実行してみましょう。「python hello_nihongo.py」とコマンド実行することで、日本語が表示されます。

```
$ python hello_nihongo.py ⏎
ハロー日本語！
```

## » インポート、変数、条件分岐

もう少しPythonの基本的な構文を学びましょう。

ライブラリなどを読み込む際には「**import**」文を使います。Pythonには数多くのライブラリ（他のプログラムから利用されることを前提に作られた、特定の処理を行うプログラム）が用意されていて、importで読み込むことでそのライブラリを利用できます。

また、ここではプログラミングの基本である「**変数**」と「**if**」**条件文**（if文）を使ったプログラムを作ります。変数とは、計算結果や状態などの数値や文字列を格納できる記憶域のことです。変数は「変数名」を付けて利用します。変数名にはアルファベットや数字と「_」（アンダーバー）が使えます。

if条件文は、条件式の結果によって処理を変える処理です。条件が成立した場合その処理を実行し、条件が成立しなかった場合は処理を行わないか、「**else**」で指定した処理を実行させることができます。

次のように「hello_today.py」プログラムファイルを作ってみてください。

● hello_today.pyファイルをviで編集

```
ktr — pi@raspberryai: ~/Programs — ssh pi@raspberryai.local
# _*_ coding: utf-8 _*_
import datetime ❶

now  = datetime.datetime.now() ❷
today= now.date() ❸
yobi = now.weekday() ❹

print "今日 " + str(today) + " は " ❺

if yobi in (5,6): ❻
    print "週末！"
else:
    print "平日"
~
~
~
~
~
~
"hello_today.py" 13 lines, 216 characters
```

**Chapter 3**

Raspberry Piでのプログラミングとインターフェース

81

**Chapter ▶3 | Raspberry Piでのプログラミングとインターフェース**

● hello_today.py

```
                                                            hello_today.py
# _*_ coding: utf-8 _*_
import datetime  ①

now  = datetime.datetime.now()  ②
today= now.date()  ③
yobi = now.weekday()  ④

print "今日 " + str(today) + " は"  ⑤

if yobi in (5,6):  ⑥
    print "週末！"
else:
    print "平日"
```

①日付時間を扱うdatetimeライブラリをインポートします。

②datetimeライブラリを使って現在日付時間（datetime.now()）を取得し、「now」という変数に格納します。

③現在日付時間（now）から、日付（date()）を取得し、変数todayに入れます。

④曜日だけをweekday()として取得し、変数yobiに入れます（これは数字で返され、0:月曜, 1:火曜, 2:水曜, 3:木曜, 4:金曜, 5:土曜, 6:日曜 で表されます）。

⑤日付（today）をストリング（str）に直し、今日、などと一緒に出力します。

⑥if条件文です。まず、曜日が土曜（5）か日曜（6）だったならば、「週末！」と出力します。

　それ以外であれば（else）、「平日」と出力します。

　if行の最後とelseの後に「:」（コロン）を入れます。

　if文以下のインデント（字下げ）は、スペースまたはタブで揃えます。

それでは、hello_today.pyプログラムを実行してみましょう。

```
$ python hello_today.py ⏎
今日 2019-03-23 は
週末！
```

この結果、今日が土日であれば「週末！」、それ以外であれば「平日」と表示されれば成功です。

以上、非常に簡単ですが、Pythonでのプログラミングについて解説しました。

Section 3-3 | Raspberry Piのインターフェース

# Raspberry Piのインターフェース

Raspberry Piには、ハードウェアと接続する様々なインターフェースがあります。デジタル入出力の「GPIO」や、カメラ、オーディオなどとのインターフェースを活用することで、Raspberry Piでできることが飛躍的に高まり、驚くような電子工作が可能になります。ここでは、そのような数多くのインターフェースをまとめて解説し、利用できるように準備します。

## ▶ Raspberry Piとハードウェアとの接続

Raspberry Piと電子部品との接続は、2列に並ぶ40ピンの「**GPIO**（General Purpose Input Output、**汎用入出力**）」を介して主に行われます。GPIOは**デジタル入出力**、**PWM**（**アナログ出力**）、**シリアル通信**などが可能です。

GPIOとは別に、Raspberry Piには**USBポート**、**オーディオジャック**、**カメラスロット**、**HDMIポート**などのインターフェースがあります。これでビジュアル、オーディオ機器などを接続できます。

●Raspberry Pi とスイッチ、カメラ、オーディオ機器などとの接続

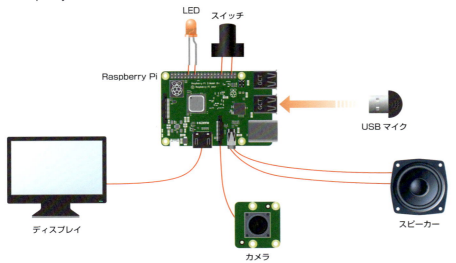

まとめると、Raspberry Piには次のようなインターフェースがあります。

- **GPIO接続**
  **デジタル入出力**：LED、スイッチ、センサーなど
  **アナログ出力（PWM）**：LEDでの明るさ調整、サーボモーターなど
  **シリアル通信（I$^2$C、UART、SPI）**：ディスプレイ、複雑なセンサーなど
- **カメラスロット**：15ピンケーブル経由でカメラを接続
- **オーディオジャック**：スピーカー、イヤフォンなど
- **USBポート**：マウス、キーボード、ウェブカム、マイクなどUSB機器を接続
- **HDMIポート**：HDMIに対応したテレビや画面など
- **DSIディスプレイスロット**：DSI（Display Serial Interface）に対応したディスプレイなど

これらの接続インターフェースを介して、Raspberry Piとハードウェアをつないで電子工作をしていきます。以降は、代表的なインターフェースのGPIO、カメラ、オーディオ、USBなどの接続を説明します。

## GPIO接続

**GPIO**は、Raspberry Pi上にある1ピンから右上の40ピンまでの40本の接続端子です。まず、ピンには次のように物理的な**端子番号**があります。

● Raspberry Piの端子番号

| 端子番号 | 2 | 4 | 6 | 8 | 10 | 12 | 14 | 16 | 18 | 20 | 22 | 24 | 26 | 28 | 30 | 32 | 34 | 36 | 38 | 40 |
|---|---|---|---|---|---|---|---|---|---|---|---|---|---|---|---|---|---|---|---|---|
|  | 1 | 3 | 5 | 7 | 9 | 11 | 13 | 15 | 17 | 19 | 21 | 23 | 25 | 27 | 29 | 31 | 33 | 35 | 37 | 39 |

● Raspberry PiのGPIO端子

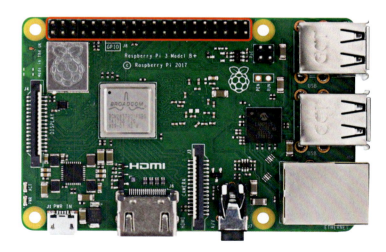

Section ▶ 3-3 | Raspberry Piのインターフェース

それら物理的なピン番号とは別に、次の図のような「**GPIO番号**」があります（図中の赤文字部分）。通常、プログラムなどでピンの場所を指定する時は、「GPIOxx」のようにGPIO番号を使います。

● Raspberry PiのGPIO番号

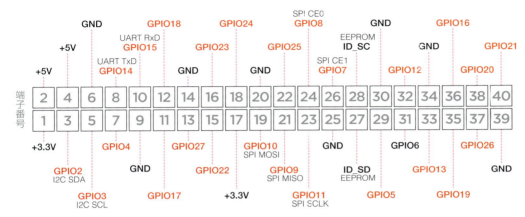

GPIOの各ピンにはあらかじめ決まった役割が割り当てられています。大きく分類すると、次のような違いがあります。

### ● 電源とGND
Raspberry Piには電源供給が4本あります。端子番号1、17が**3.3V**、端子番号2、4が**5V**の電源供給です。それ以外に**GND**（電圧0V）が8本（端子番号6、9、14、20、25、30、34、39）用意されています。

### ● GPIO
上記の電源とGND以外の端子は、デジタル入出力に使用できます。GPIO2〜27までがあり、必要に応じてLEDやスイッチをこれらの端子につないで電子工作をします。方式としては**デジタル入出力**と**PWM（アナログ出力）**などがあります。

### ● シリアル通信
**I²C**、**UART**、**SPI**といったシリアル通信に使われるピンはあらかじめ指定されています。これらのピンはGPIO端子とオーバーラップ（重複）するので、シリアル通信を有効にすると、重複するピンはGPIOとしては使えなくなります。

Chapter 3 | Raspberry Piでのプログラミングとインターフェース

## » GPIO接続のテスト

　GPIOを使ったデジタル入出力を試してみましょう。テストはコマンドで行います。Raspberry Piに手元のパソコンからSSHでリモート接続するか、Raspberry Piのデスクトップ環境で端末アプリを起動します。

　GPIOの状態をチェックするには「**gpio**」コマンドを使用します。このコマンドは「**WiringPi**」というライブラリを使って動いていますが、通常Raspberry Piにはデフォルトでインストールされています。次のようにgpioコマンドのバージョンを調べる「-v」オプションを付けて実行し、gpioコマンドが使えるか確かめてみてください。

```
$ gpio -v ⏎
gpio version: 2.50
Copyright (c) 2012-2018 Gordon Henderson
This is free software with ABSOLUTELY NO WARRANTY.
For details type: gpio -warranty

Raspberry Pi Details:
  Type: Unknown17, Revision: 01, Memory: 0MB, Maker: Sony
  * Device tree is enabled.
  *--> Raspberry Pi 4 Model B Rev 1.1
  * This Raspberry Pi supports user-level GPIO access.
```

　上記コマンドが実行できない場合は、gpioコマンドがインストールされていない恐れがあります。その場合は、次のようにコマンドを実行してインストールします。「git clone git://git.drogon.net/wiringPi」は、gitコマンドでwiringPiのソースコードを入手するコマンドです。「wiringPi」ディレクトリにソースコードがダウンロードされるので、cdコマンドでディレクトリを移動し、「./build」コマンドでソースコードをコンパイルして実行ファイルに変換しています。

```
$ git clone git://git.drogon.net/wiringPi ⏎ ⏎
$ cd wiringPi ⏎
$ ./build ⏎
```

　gpioコマンドが利用できることを確認したら、gpioコマンドの使い方を解説します。

　gpioコマンドでデジタルデータの入力や出力チェックを行いましょう。gpioコマンドに続いて、「-g」オプションで利用するGPIO番号を指定します。「mode」サブコマンドで「in」または「out」を指定し、入力と出力を決めます。

| gpio コマンド例 | gpio -g mode（GPIO番号）in/out |
|---|---|

　次のコマンド実行例では、GPIO16を出力、と設定しています。

```
$ gpio -g mode 16 out ⏎
```

「read」サブコマンドを用いると、GPIOの値を読み取ることができます。CN（有効）であれば「1」、OFF（無効）であれば「0」が出力されます。

### gpio コマンド例　　gpio -g read（GPIO番号）

次の例ではGPIO16の値を読み取っています。

```
$ gpio -g read 16 ⏎
0
```

デフォルトではGPIOの値は0なので、0が出力されています。

「write」サブコマンドを使うと、指定したGPIO番号のピンのON ／ OFF（有効・無効）を切り替えできます。「1」を指定するとONに、「0」を指定するとOFFにします。

### gpio コマンド例　　gpio -g write（GPIO番号）1/0

次の例では、GPIO16をONに変更しています。

```
$ gpio -g write 16 1 ⏎
```

では、再度GPIO16の値を読み取ってみましょう。

```
$ gpio -g read 16 ⏎
1
```

これで1が出力されれば、GPIOコマンドでのON ／ OFF切り替えが上手く行っています。

## » GPIOピンにケーブルを接続する

次は、物理的にケーブルをつないでON ／ OFFを切り替えてみましょう。

先程のGPIO表を参照して、1番ピン（左端下段）の3.3Vに赤いジャンパ線を差し込みます。このジャンパ線のもう一端を、GPIO20（上段、右から2番目）に直結します。

●Raspberry Piの3.3Vとジャンパ線を直結

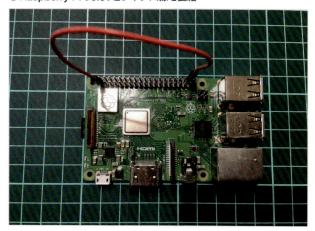

これは「GPIO20に3.3Vを供給する」ということで、この端子はON状態になります。

配線したら、先程と同様にgpioコマンドで確かめてみましょう。GPIO20が「1」（ON）になっています。

```
$ gpio -g mode 20 in
$ gpio -g read 20
1
```

次に、ジャンパ線をGPIO20から外してGPIO20の状態を表示してみましょう。初期状態ではOFFなので「0」が表示されます。GPIOのON／OFFが物理的にも確認できました。

```
$ gpio -g read 20
0
```

このような仕組みを使って、GPIOでデジタルの入出力を制御します。

### » その他のGPIO接続（PWM、シリアル通信）

これまで説明したGPIOでのデジタル入出力の他に、40ピンでは「**PWM**」（パルス幅変調。擬似的アナログ出力）と「**シリアル通信**」という方法があり、それぞれ特徴的なハードウェアを使用できます。

シリアル通信はraspi-configなどで設定することで利用可能になりますが、シリアル接続を有効（Enable）にした場合、それに対応する番号はGPIOとしては使えなくなる（排他処理）ので注意が必要です。

● **PWM**

Raspberry Piはデジタル信号（0か1）しか扱えません。しかし、PWM（Pulse Width Modulation）で擬似的にアナログ出力（電圧の段階的出力）を行うことができます。これにより、LEDの明るさを変えたり、サーボモーターの角度を指定したりできます。GPIOの26ピン全てでソフトウェアPWMを利用できます。

●PWM接続の例：Raspberry Piとサーボモーター

GPIOの説明の最後に、Raspberry PiのGPIOピンで利用できるシリアル通信の規格「I²C」「UART」「SPI」について解説します。

● **I²C**

I²C（Inter-Integrated Circuit）はセンサーなどから情報を取得するための規格です。接続機器としてLCDディスプレイのようなものがあります。

●I²C接続の例：Raspberry PiとLCDディスプレイ

● UART

UART（Universal Asynchronous Receiver Transmitter）は、他のコンピュータなどと通信するための規格です。USBのようなパソコンとのデータ通信に使うことができます。

●UART接続の例：Raspberry Pi ZeroとUSB拡張端子

● SPI

SPI（Serial Pheripheral Interface）は、I²C同様にRaspberry Piと電子部品を通信するための規格です。SPIは通信データを、次の3つに分けて通信しています。データ送信を行う「MOSI」、データ受信の「MISO」、送受信の「SCLK」で、高速に通信できることがSPIの特徴です。高速なデータ通信が必要な液晶ディスプレイなどでSPI接続を利用するものがあります。

●SPI接続の例：Raspberry Piと小型液晶ディスプレイ

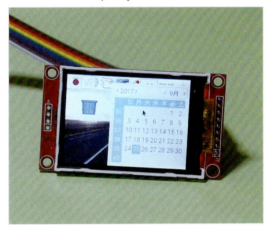

## > カメラ接続

Raspberry Piには標準で**カメラスロット**が付いています。ここに、ケーブル経由でカメラユニットをつなげることができます。Raspberry Pi Foundationでは次の2つのカメラモジュール（公式対応カメラモジュール）を用意しています。

●Camera Module V2（https://www.raspberrypi.org/products/camera-module-v2/）

●Pi NoIR Camera V2（https://www.raspberrypi.org/products/pi-noir-camera-v2/）

　Camera Moduleは、大きさ2.5cm四方ほどでフルカラーの可視光高精細カメラです。静止画の解像度は808万画素（3280×2464ピクセル）です。動画にも対応し、フルHD（1920×1080ピクセル）画質で30fpsの撮影も可能です。Pi NoIR Cameraは暗いところでも撮影可能な赤外線カメラです。

　本書ではCamera Module V2を使用します。

## » カメラでの撮影

実際にカメラをRaspberry Piに接続して、画像を撮影してみます。

カメラ本体に15ピン用フレキケーブルを差し込みます。そのケーブルを、Raspberry Pi側のカメラスロットに接続します。スロットのフラップを上げて、ケーブルを差し込んだ後、フラップを下げるとしっかり固定できます。

●カメラ本体へのケーブル接続（左）と、Raspberry Piへの接続（右）

Raspberry Piでカメラ機能を使うためには、p.52で解説したカメラ設定を施す必要があります。もし有効にしていない場合は、ここで有効にしておいてください。

カメラは、特に指定せずに撮影すると、黒い出っ張りが付いている方（ケーブルの反対側）が上になって撮影されます（後ほど上下、左右の反転のオプションなどを説明）。

●カメラユニットの上下

## 静止画撮影

撮影はコマンドで行います。「raspistill」コマンドで静止画を撮影できます。「-o」オプション（アウトプット）に続けてファイル名（下の例では「image.jpg」）を指定して撮影します。

```
$ raspistill -o image.jpg
```

画像サイズを指定しないで撮影すると、3280×2464ピクセルの写真が撮れます。

●カメラ性能の最大で写真撮影できた

raspistillコマンド実行時に、「-w」オプションで横幅を、「-h」オプションで縦の画像サイズを指定できます。

また、「-vf」オプションを指定すると、上下を反転できます。横幅640ピクセル、高さ480ピクセルを指定し、上下を反転させて撮影してみます。先程はimage.jpgとしたので、今回はimage640.jpgと違うファイル名を指定しました。

```
$ raspistill -w 640 -h 480 -vf -o image640.jpg
```

640×480ピクセルの上下反転した写真が撮れました。

●**640×480ピクセルで、上下反転した写真を撮影**

### 動画撮影

動画撮影は「raspivid」コマンドで行います。動画はh264形式です。オプションを指定せずに実行すると、フルHDで5秒間撮影します。静止画と同様に-oオプションに続けてファイル名を指定してください。

```
$ raspivid -o vid.h264
```

「-t」オプションを付けることで、ミリ秒単位で撮影時間を指定できます。例えば30秒撮影したい場合は「30000」（ミリ秒）と指定します。静止画同様に-wオプションで横幅、-hオプションで高さを指定できます。「-fps」オプションで（毎秒）撮影レートを指定できます。

```
$ raspivid -t 10000 -w 640 -h 480 -fps 25 -o vid640.h264
```

これで、カメラを使った静止画、動画の動作確認ができました。

## ▶ オーディオ接続（スピーカー）

オーディオ接続は3.5mmジャックで行います。ここにスピーカーなどオーディオ機器を接続して、音声出力を行います。

実際にアンプ付きスピーカーをつないで、音の出力チェックをしてみましょう。

●アンプ付きスピーカーをつないだRaspberry Pi

スピーカーをつないだ後、「aplay」コマンドで出力機器のチェックを行います。「-l」オプションを付けて実行することで、Raspberry Piに接続された音声出力機器が表示されます。

```
$ aplay -l
```

次のような結果が表示されました。「カード 0」がサウンドチップ（音声再生LSI）で、「デバイス 0」がRaspberry Piに接続したスピーカーです。

```
$ aplay -l
**** ハードウェアデバイス PLAYBACK のリスト ****
カード 0: ALSA [bcm2835 ALSA], デバイス 0: bcm2835 ALSA [bcm2835 ALSA]
  サブデバイス: 7/7
  サブデバイス #0: subdevice #0
  サブデバイス #1: subdevice #1
  サブデバイス #2: subdevice #2
  サブデバイス #3: subdevice #3
  サブデバイス #4: subdevice #4
  サブデバイス #5: subdevice #5
  サブデバイス #6: subdevice #6
カード 0: ALSA [bcm2835 ALSA], デバイス 1:bcm2835 ALSA [bcm2835 IEC958/HDMI ]
```

サブデバイス：1/1
サブデバイス #0: subdevice #0

　Raspberry Pi内にサンプル音源（サウンドファイル）がありますので、それを再生してみます。aplayコマンドに「-D」オプションで出力先を指定します。「plughw:X,Y」の「X」に先ほど確認したカード番号（0）、「Y」にデバイス番号（0）を指定してaplayコマンドを実行します。

```
$ aplay -D plughw:0,0 /usr/share/sounds/alsa/Front_Center.wav
再生中 WAVE '/usr/share/sounds/alsa/Front_Left.wav' : Signed 16 bit Little Endian, レート 48000 Hz, モノラル
```

　女性の声で、「フロント、センター」と聞こえたら、スピーカーが使えることを確認できました。
　オーディオ設定は、Chapter 4の電子工作の基本でも行います。上手くいかない場合や細かい設定はChapter 4も合わせて確認してください。

## ▶ USB接続（USBマイク）

　Raspberry Pi Model BにはUSBポートが4つあり、ハードウェア機器を接続できます。キーボードやマウスなども利用できますが、本書では特に「**USBマイク**」をここに接続して音声入力機器として使います。USBポートにマイクをセットして、音を録音してみましょう。

●USBマイクの接続

録音は「**arecord**」コマンドで行います。「-l」オプションで接続済み音声入力機器を表示します。

```
$ arecord -l
**** ハードウェアデバイス CAPTURE のリスト ****
カード 1: Device [USB PnP Sound Device], デバイス 0: USB Audio [USB Audio]
  サブデバイス: 1/1
  サブデバイス #0: subdevice #0
```

●Raspberry PiにUSBマイクを接続したところ

USBマイクが認識されていることを確認したら、録音できるか簡単に確認してみましょう。
arecordコマンドに続けて、記録するファイル名を指定します。

```
$ arecord voice.wav
録音中 # WAVE 'voice.wav' : Unsigned 8 bit, レート 8000 Hz, モノラル
```

マイクに向かって発声してみましょう。Ctrl + Cキーを押すと録音が終了します。
録音できたら、aplayコマンドを使って録音した音を再生してみましょう。

```
$ aplay -D plughw:0,0 voice.wav
再生中 WAVE 'voice.wav' : Unsigned 8 bit, レート 8000 Hz, モノラル
```

自分の声が再生されたら録音が上手くいっています。音声入出力はChapter 4でも詳細設定、確認を行います。

●USBマイクとスピーカーを使った音声入出力

## ▶ HDMI接続（ディスプレイ接続）

　HDMIポートには、HDMI対応のテレビや液晶ディスプレイなどを接続して、Raspberry Piの画面を表示できます。HDMI接続は、Raspberry Piの初期セットアップで使用しますが、電子工作として使う場合、PC用のディスプレイを接続したままだと、非常に大きく邪魔になります。

　本書では、初期セットアップが完了したら、基本的にリモート接続でRaspberry Piを利用することを前提にしているため、ディスプレイ接続は不要です。しかし、ディスプレイを使った電子工作をする場合、次の写真のようなHDMI接続のミニディスプレイもあり、タッチ操作が可能な製品もあるので、検討してみてください。

●HDMI接続のタッチディスプレイ

# Chapter 4

## Raspberry Piでの
## 電子工作の基本

Raspberry Piでの電子工作に当たり、電子部品の接続や
GPIOなどの基本事項をおさえます。

LED、ボタン（スイッチ）、スピーカーなどをRaspberry
Piにつなぎながら、電子工作の基本を学んで行きましょ
う。これらによりRaspberry Piへの入出力及び音声出力
がマスターできます。

Section 4-1 ▶ **Raspberry Piで「Lチカ」**
Section 4-2 ▶ **Raspberry Piでスイッチを扱う**
Section 4-3 ▶ **Raspberry Piでスピーカーを扱う**
Section 4-4 ▶ **USBマイクを使って録音、スピーカーとの連動**

Chapter 4 | Raspberry Piでの電子工作の基本

# Section 4-1 ▶ Raspberry Piで「Lチカ」

電子工作における最初のステップは、「Lチカ」とも呼ばれる、LEDを発光させることから始まります。Raspberry PiにLEDをつないで、最初のLチカをしてみましょう。

## Raspberry PiでLチカの完成図と利用部品について

いよいよ、ここからRaspberry Piを使った電子工作に入ります。本書のテーマはRaspberry PiでAIを活用した電子工作を行うことですが、まず電子工作の初歩から始めてステップアップしていきましょう。この過程で、ブレッドボードや抵抗、電子部品を制御するプログラムについても解説していきます。

ここでは、Raspberry PiにLEDをつないで光らせる電子工作を行います。この工作で必要な部品は次のとおりです。

●Raspberry PiとLED

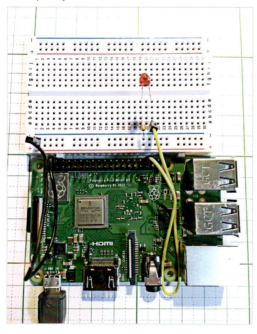

| 利用部品 | |
|---|---|
| ■ LED | 1個 |
| ■ ブレッドボード（30穴） | 1個 |
| ■ ジャンパー線（オス−メス） | 2本 |
| ■ 抵抗 330Ω | 1個 |

## LEDとは

**LED**（Light Emitting Diode）は**発光ダイオード**とも呼ばれ、電源につなぐと発光する電子部品です。

LEDの端子には**極性**があって、電源につなぐ「向き」を考慮する必要があります。通常、脚の長い端子側を「**アノード**」と呼び、電源のプラス側につなぎます。脚の短い方を「**カソード**」と呼び、電源のマイナス側につなぎます。

●LEDの極性

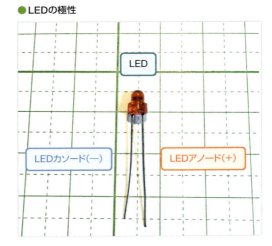

## ブレッドボードとは

電化製品などの内部の配線は、はんだ付けされて固定された基盤になっています。電子工作でも、最終的に固定して使用する場合ははんだ付けを行いますが、はんだ付けすると配線を間違った場合の組み直しなどが面倒です。Raspberry Piで電子工作を行う場合、試しながら配線をつないだり、組み替えたりしながら行っていくのが一般的です。そのような場合は「**ブレッドボード**」を使うと大変便利です。ブレッドボードにはたくさんの穴が空いていて、穴は内部で配線が繋がっています。この穴に**ジャンパー線**（ケーブル）や電子部品の端子を差し込むことで、配線を試すことが可能です。

ブレッドボードには幾つかの種類がありますが、次の写真のような30穴（横30行）のものが一般的です。

●ブレッドボード説明図

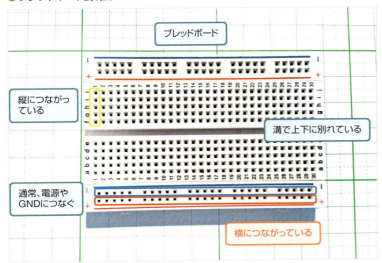

Chapter 4 | Raspberry Piでの電子工作の基本

縦の5個の穴は内部で配線が繋がっています（図中黄色枠）。つまり、縦の穴の二カ所に接続することで、回路的に接続できるわけです。縦の列の配線は、中央の溝で仕切られています。

最上段と最下段の2段は横につながっています（図中赤枠と青枠）。ここは電源とGNDにつなぎます。

このブレッドボードとジャンパー線を使うことで、はんだ付けしなくても回路、配線を作ることができます。Raspberry Piの電子工作には定番の部品です。

## ▶ 抵抗について

電子部品を扱う際に過大な電流を流してしまうと、部品を壊してしまったり、Raspberry Pi自体も破損してしまうことがあります。そういった事態を防ぐために用いるのが「**抵抗**」です。

Raspberry Piの1つのピン（GPIO）の許容範囲電流は、約15mA程度です。回路に流れる電流を許容電流内に抑えるために、Raspberry Piとそこにつなぐ電子部品の間に抵抗を挟んで電流を調整します。

●一般的な抵抗例（左から330Ω、510Ω、1KΩ）

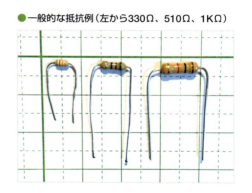

抵抗の大きさは「**オーム（Ω）**」単位で表します。抵抗には、写真のように様々な種類（大きさ）があります。330Ω、510Ω、1KΩなどの抵抗があります。

今回使う3mm赤色LEDは、標準電流20mA、許容電圧は1.7V程度です。使用する電子部品の仕様に関しては、メーカーや販売店のウェブなどを参照してください。

●LED販売店サイト（http://akizukidenshi.com/catalog/g/gI-02082/）

102

## オーム（Ω）の法則

電圧、電流、抵抗の値は、次のオームの法則で求められます（括弧内は単位）。

# 電圧（V）＝電流（A）× 抵抗（Ω）

Raspberry PiのGPIOの電圧は3.3Vですが、このLEDの電圧は1.7Vです。抵抗を挟む場合、3.3 V − 1.7 V ＝ 1.6 V の電圧がかかることになります。回路内に流す電流を、LEDとRaspberry Pi本体の両方の許容範囲内である10mA（0.01A）程度として、オームの法則を当てはめて抵抗を計算します。

先程の式を、抵抗を求める式に移項します。電圧を電流で割ると抵抗が求められます。

電圧÷電流＝抵抗
1.6（V）÷0.01（A）＝160（Ω）

ちょうどぴったりの抵抗が手元になくても、電流が下がり過ぎない程度の抵抗を使えばいいので、今回は330Ωを使うことにします。それぞれの電子部品に合った抵抗を選んでください。

## 接続の仕方

Raspberry PiとLEDを接続します。接続を分かりやすく記述したイメージ配線図を示します。

LEDには極性があるので、短い脚のカソード（−）側とRaspberry PiのGNDをつなぎます。電流を調整するために、先ほど計算した330Ωの抵抗を挟んでいます。先にブレッドボードの説明をしましたが、最下2段の穴は横に配線が繋がっています。つまり、GNDをつないだ横一列は全てGNDとつながっていることになります。

LEDのアノード（＋）側をつないだ部分は、同じ列の他の縦の穴に配線が繋がっています（ただし中央の溝で配線は分断されています）。Raspberry PiのGPIO16番とつなぎます。

● Raspberry Pi―LEDの配線図

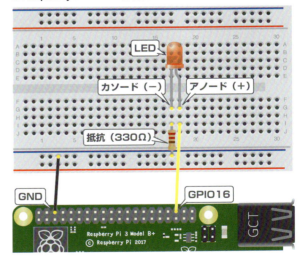

実際にジャンパー線を使って接続した写真は、次のようになっています。

●Raspberry PiとLEDを接続した

## ▶ プログラム

配線ができたので、LEDを点滅させるプログラムをPythonで作成します。プログラムは本書サポートページ（p.320参照）からもダウンロード提供していますが、Raspberry Pi上で作成する場合はp.76で解説したviを用いて記述します。

次の「led.py」は、LEDが0.5秒おきに点滅するプログラムです。プログラム中の①や②などは、プログラムの内容を説明するために便宜的に付けた記号ですので、実際のプログラムには記述しません。

●LEDが0.5秒おきに点滅するプログラム

```
# -*- coding: utf-8 -*-  ①

import time  ②
import RPi.GPIO as GPIO

LED  = 16  ③

GPIO.setmode(GPIO.BCM)  ④
GPIO.setup(LED, GPIO.OUT)

for i in range(3):  ⑤
    time.sleep(0.5)
    GPIO.output(LED, GPIO.HIGH)
    print "LED ON!"
    time.sleep(0.5)
    GPIO.output(LED, GPIO.LOW)
```

①文字コードUTF-8を記述します。
②必要なライブラリを読み込みます。時間を制御するtimeと、GPIOのライブラリのインポートをします。
③LEDという変数を宣言し、GPIO16につないだので、16と記述します。
④GPIO番号は、物理ピン番号（左上からの連番）ではなく、Raspberry Pi側で役割が割り振られた「BCM」という番号で指定します。
変数LED(GPIO16)をGPIO.OUT（出力）と定義します。
⑤3回同じ動作をさせるループ文です。
その中で、GPIO.output関数で、先ほどのLED変数をHIGHにします。これによりGPIOが点灯します。
0.5秒カウントした後、GPIO.outputでLEDをLOWにします。これによりLEDは消灯します。

作成したプログラムを、コマンドで実行します。

```
$ python led.py
```

プログラムを実行すると、0.5秒おきに「LED ON!」というメッセージが出力されます。さらに、Raspberry Pi上のLEDが3回点滅します。

```
$ python led.py
led.py:9: RuntimeWarning: This channel is already
  GPIO.setup(LED, GPIO.OUT)
LED ON!
LED ON!
LED ON!
```

これで電子工作の最初のステップ、Raspberry PiでLチカが実行できました。

●LED点灯時

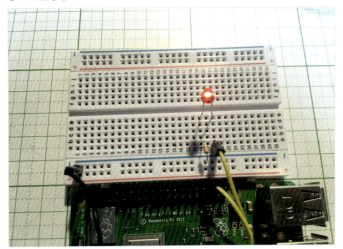

Chapter 4 Raspberry Piでの電子工作の基本

# Section 4-2 Raspberry Piでスイッチを扱う

Raspberry Piでの電子工作の次のステップは「ボタン（スイッチ）」です。スイッチを使ってRaspberry Piに入力信号を送ります。さらに、ボタンを押すことでLEDを光らせ、Raspberry Piへの入力と出力の連動をさせます。

## ▶ タクトスイッチを使った電子工作の完成図と利用部品について

　「**スイッチ**」は、人がボタンやスライド、バーなどを操作することで回路に信号を入力する電子部品です。信号によって機器を制御するなどといった利用が可能です。

　ここでは、Raspberry Piとタクトスイッチを使って、ボタンを押すことでLEDを光らせる電子工作を行います。この工作で必要な部品は次のとおりです。

●Raspberry PiとLED付きタクトスイッチ

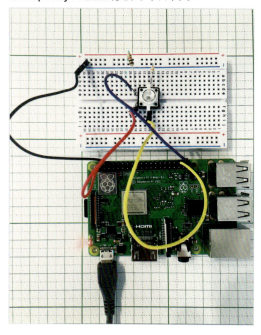

利用部品
- LED付きタクトスイッチ……………1個
- ブレッドボード（30穴）………………1個
- ジャンパー線（オス−メス）…………4本
- 抵抗 330Ω……………………………1個
- 抵抗 1KΩ……………………………1個

## スイッチについて

電子工作で扱うスイッチには、様々な種類があります。次の写真の左から順に「**ボタンスイッチ**」「**スライドスイッチ**」「**トグルスイッチ**」「**タクトスイッチ**」などがあります。

●代表的なスイッチの種類

ボタンスイッチ

スライドスイッチ

トグルスイッチ

タクトスイッチ

　ボタンスイッチは一度押すと回路がつながり、離すと接続が切れ、電流が流れなくなるスイッチです。ただし、一度押しただけで通電し続けるものもあります。スライドスイッチは、スイッチ部分を左右どちらかに動かす（スライドする）ことで接続先を変えられるスイッチです。トグルスイッチは、棒を左右に傾けて接続先を切り替えるスイッチになります。

　今回使うのはタクトスイッチ（タクタイルスイッチ）です。タクトスイッチは下の図のように、電源を含む回路の一部に接続します。このスイッチは、ボタンを押していない状態では回路は通電しません。ボタンを押し下すと、スイッチ内で回路がつながり、電流が流れる仕組みです。

　通常、タクトスイッチにはブレッドボードに設置しやすいよう四本の脚が付いています。片側2本は内部でつながっていて、どちらに配線をつないでも構いません。双方のどちらかを回路に接続すれば、ボタン押下により通電します。

●タクトスイッチの仕組み

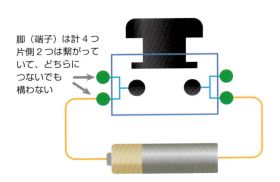
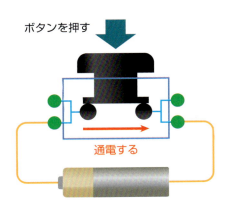

107

## プルアップとプルダウン

　タクトスイッチを使う場合、スイッチの状態により通電／非通電状態が切り替わるため、回路内電圧が不安定になります。それに対処するため、回路内に抵抗を挟んで電圧を安定させる「**プルアップ**」と「**プルダウン**」という方式があります。プルアップはRaspberry Piのプラス（3.3V）側に抵抗を挟みます。プルダウンは反対に、マイナス（GND）側に抵抗を付ける方法です。

　ここではプルダウンで電流を安定させる方法を説明します。次の図ではGND側に抵抗を挟んでいて、スイッチを押していない状態では電流は流れません。これで、抵抗を挟んだ側の出力は安定して0Vになります。スイッチを押下し回路内が通電すると、出力側に3.3Vの電圧が掛かり、電流が流れます。抵抗を挟むことにより、0Vと3.3Vが安定して切り替わる仕組みになります。このプルダウンの仕組みを使い、タクトスイッチをRaspberry Piにつないで使用します。

●プルダウンでの接続

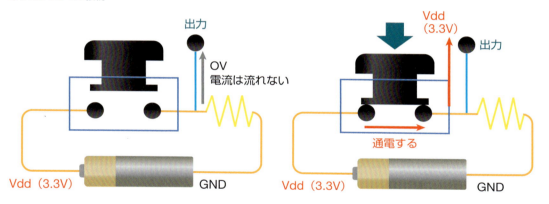

## LED付きタクトスイッチ

　タクトスイッチでLEDを点灯させる電子工作ですが、今回は「LED付きタクトスイッチ」を利用します。タクトスイッチの中にLEDが内蔵されていて、スイッチを押すとLEDが発光します。ボタン自身が光って押下を示すため、電子工作に使うのにうってつけです。

　LED付き宅とスイッチの表面、裏面は、次の写真のようになっています。

Section 4-2 | Raspberry Piでスイッチを扱う

● LED付きタクトスイッチ表面

● LED付きタクトスイッチ裏面

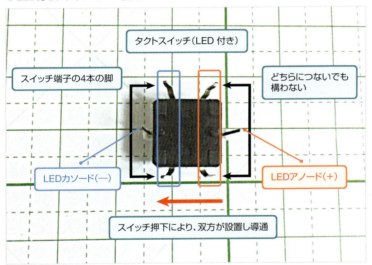

　LED付きタクトスイッチの裏側を見ると、本体から出ている4本の端子があります。スイッチを押すことにより、赤枠部分から青枠部分が通電します。写真の赤枠内、青枠内はつながっているので、どちらに配線をつないでも構いません。この4本の脚をブレッドボードに差すことで固定しやすくなっています。

　さらに、LED部分から出ているスイッチ中央にある長い端子と短い端子は、長い方がLEDのアノード（＋）、短い方がカソード（−）になっています。Section 4-1で解説したとおり、LEDのアノード（＋）を電源に、カソード（−）側をGNDにつなぐと光る仕組みです。

109

## 接続方法

　Raspberry Piとブレッドボード、タクトスイッチの配線は、下の図のようになります。LED付きタクトスイッチの、スイッチの端子4本を溝を挟んで相互に差し込みます。LEDのアノードとカソード端子が、溝を挟んで別々に差す向きになります。

　スイッチの脚のうち、一方を入力と電源に、もう一方をGNDに接続します。入力はGPIO20番にしています。Raspberry Piの電源との接続では、電圧3.3Vをそのまま使うと電流が大きすぎてしまうので、次の式で計算したプルダウン抵抗とします。この際、許容電流は5mA程度としています。

電圧÷電流＝抵抗
3.3（V）÷0.005（A）＝660（Ω）

ここでは、それより少し大きい1KΩの抵抗を使うことにします。

●Raspberry Pi―スイッチ接続図

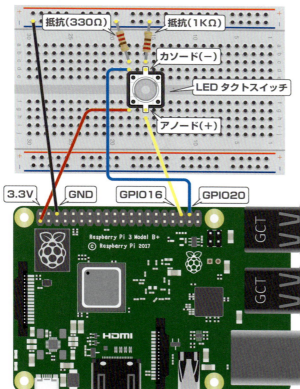

Section ▶ 4-2 | Raspberry Piでスイッチを扱う

　LEDは、アノード（＋）側（長い端子）をRaspberry PiのGPIO16番につなぎ、カソード（－）側（短い端子）をRaspberry PiのGNDにつなぎます。Section 4-1のLEDと同様に、330 Ωの抵抗をGND側に使用しています。

　実際にブレッドボードにジャンパー線を使ってつないだ写真はこちらです。青いコードがスイッチでGPIO20に、黄色がLEDでGPIO16に、黒がGND、赤が電源で3.3Vに、それぞれつながっています。

●タクトスイッチ接続図

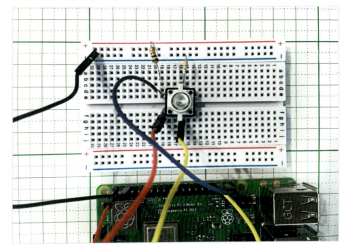

## ▶ プログラム

　タクトスイッチの押下を検知するPythonのプログラムを作ります。押した時点で画面に「Switch ON!」と出力し、スイッチ内のLEDを光らせます。プログラムのファイル名は「switch_led.py」としました。

Chapter ▶ 4 | Raspberry Piでの電子工作の基本

● タクトスイッチの押下を検知するPythonプログラム

switch_led.py

```python
# -*- coding: utf-8 -*-
import time
import RPi.GPIO as GPIO


LED    = 16
BUTTON = 20  ①

GPIO.setmode(GPIO.BCM)
GPIO.setup(LED, GPIO.OUT)
GPIO.setup(BUTTON, GPIO.IN)  ②

GPIO.add_event_detect(BUTTON, GPIO.FALLING)  ③

while True:
    if GPIO.event_detected(BUTTON):  ④
        GPIO.output(LED, GPIO.HIGH)  ⑤
        print "Switch ON!"
        time.sleep(0.5)
        GPIO.output(LED, GPIO.LOW)
    else:
        print "OFF"  ⑥
    time.sleep(1)

GPIO.cleanup()  ⑦
```

① BUTTON変数に、GPIOの20を指定します。

② BUTTONをGPIO.INとして入力設定にします。

③ BUTTONのイベント取得（add_event_detect）を宣言します。

④ イベント検知（event_detected）で、ボタンが押されたことを判定します。

⑤ 押したことが検知されると、LEDを点灯させます。同時に、画面へ「Switch ON!」を表示します。

⑥ event_detected以外では、「OFF」を表示させます。

⑦ 処理の最後にGPIOをクリア（GPIO.cleanup）します。

作成できたら、switch_led.pyを実行してみます。pythonコマンドに続いてswitch_led.pyを指定します。なお、プログラムは何もしないと延々と実行し続けるので、終了する場合は Ctrl + C キーでプログラム実行をキャンセルします。

```
$ python switch_led.py ⏎
```

ボタンを押すとコンソールに、「Switch ON!」と表示されます。

```
$ python switch_led.py
OFF.
OFF
Switch ON!
Switch ON!
OFF
OFF
OFF
Switch ON!
OFF
OFF
```

同時に、タクトスイッチ上のLEDが点灯します。

● 点灯したLED付きタクトスイッチ

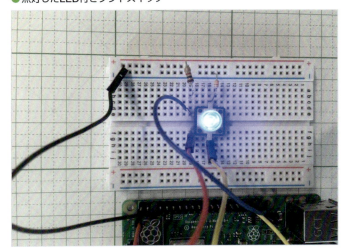

## NOTE

### Raspberry Pi 本体のプルアップ／プルダウン抵抗

作例では、スイッチ間に抵抗を挟んでプルダウンしましたが、実は Raspberry Pi の中にはプルアップ／プルダウン用の抵抗が内蔵されています。この内蔵抵抗を、Raspberry Pi のプログラム上のコマンドで制御できるようになっています。
GPIO.IN を宣言するコマンド中に、「pull_up_down」というパラメータを使って、次のようにプルダウン、プルアップを設定できます。

● プルダウンのコマンド

`GPIO.setup(BUTTON, GPIO.IN, pull_up_down=GPIO.PUD_DOWN)`

● プルアップのコマンド

`GPIO.setup(BUTTON, GPIO.IN, pull_up_down=GPIO.PUD_UP)`

GPIO3 と GPIO5 に関しては、あらかじめプルアップが有効化されているので、抵抗もコマンドも使う必要はありません。その代わり、プルダウンは指定できないので、注意してください。
このコマンドを使うことで、次のようにプルダウン抵抗を挟まずシンプルに、電圧を安定化できます。

● Raspberry Pi 内の抵抗を使ってプルダウンした接続

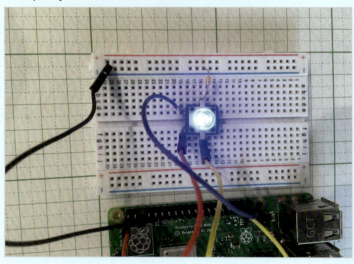

# Section 4-3　Raspberry Piでスピーカーを扱う

Raspberry Piから音を出すためにスピーカーを自作しましょう。市販のアンプ付きスピーカーを使うよりも安価に、自分の電子工作にあった用途や形状のものが選べるのが利点です。アンプキットを使うことで容易に自作スピーカーを作ることができます。

## ▶ アンプキットとスピーカーを使った電子工作の完成図と利用部品について

ここでは、アンプキットをスピーカーに接続し、Raspberry Piにつないで音声を出力する電子工作を行います。利用する部品は次のとおりです。

● Raspberry Piに接続したアンプキットとスピーカー

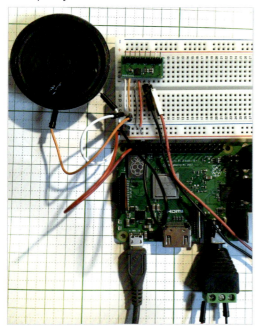

**利用部品**

- ブレッドボード（30穴） ………………………………… 1個
- ジャンパー線（オス-オス） …………………………… 4本
- ジャンパー線（オス-メス） …………………………… 2本
- 導線（ビニール線） ……………………………………… 5本
- 小型スピーカー（8Ω 0.4W） ………………………… 1個
- 3.5mmステレオミニプラグ-スクリュー台付き ……… 1個
- TPA2006 小型アンプキット …………………………… 1個

> **NOTE**
>
> **導線（ビニール線）**
>
> 針金をビニールの皮膜で包んだもので、ブレッドボード上の短い配線などに使用します。一般的には長い線をコイル状にして販売されており、必要な長さにユーザーが切って両端の皮膜をむいて使用します。ビニール線がない場合は、オス-オスのジャンパー線でも代用できます。

## スピーカーについて

　スピーカーは一般的に、表面の黒い振動板、中のコイル（ボイスコイル）、磁石の三層構造になっています。内部のボイスコイルに電流を流すことで磁力が発生し、周辺の磁石に引き寄せられたり反発したりして振動板が動き、音を出す仕組みになっています。

　一般的なダイナミックスピーカー（動的に振動板を動かす）は、数百円から手に入れることができます。本書では次のダイナミックスピーカーを例に解説します。直径5cmのスピーカーで、8Ω、0.4Wの出力があります。

●ダイナミックスピーカ 50mmφ 8Ω 0.4W（http://akizukidenshi.com/catalog/g/gP-09013/）

●スピーカー表面

●スピーカー裏面

●スピーカーにジャンパー線を接続

スピーカーのプラスとマイナスと表記されている部分にケーブル（オス-オスのジャンパー線）をつないで電流を流します。今回はプラス側にオレンジ色のジャンパー線を、マイナス側に白色のジャンパー線をはんだ付けしています。

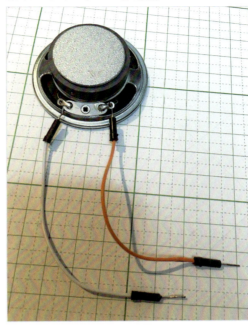

## アンプでの音声増幅について

スピーカー単体をRaspberry Piのオーディオジャックに接続しても、出力が小さいため耳元でしか音が聞こえません。イヤホンのように使う場合は問題ありませんが、より大きな音で再生する場合は、「**アンプ**」で音を増幅させる必要があります。

ここでは、テキサスインスツルメンツ社の「**TPA2006**」というチップを使ったアンプキットを使用します。このアンプキットは電源電圧が2.5〜5.5Vとなっており、最大出力は1.45Wまで増幅することができます。

●TPA2006使用 超小型D級アンプキット（http://akizukidenshi.com/catalog/g/gK-08161/）

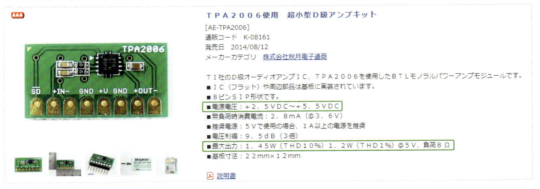

## » 音声増幅の方式

アンプでの音声増幅の仕方には「**差動入力型**」と「**シングルエンド型**」があります。

差動入力はオーディオからの2つの信号ラインを入力のプラスとマイナスにつないで、その電位差を使って音声を増幅します（下図左）。ノイズの影響を受けにくい反面、ある程度の供給電圧を必要とします。

一方、シングルエンド型では、信号ラインの一方をGNDにつなぎ、その電圧差を信号化します（下図右）。GNDの電源0Vの変動の影響を受けやすく、ノイズが発生する可能性はありますが、特別な供給電圧の制限などが無く、手軽に増幅回路を作ることができます。

● 差動入力型（左）とシングルエンド型（右）

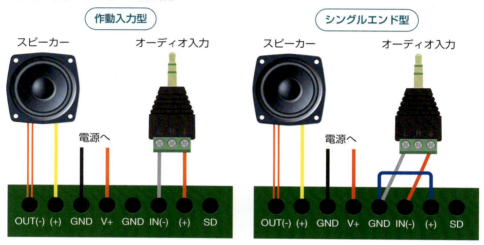

今回は、Raspberry Piとアンプ、スピーカーの接続を、手軽なシングルエンド型で行います。

Section ▶ 4-3 | Raspberry Piでスピーカーを扱う

## ▶ スピーカーとアンプの接続

　Raspberry Pi、スピーカー、アンプをつなぐ配線図は、次のとおりです。配線図では、アンプキットの下に導線やジャンパー線の配線があるので、わかりやすくするためアンプキットを半透明にして配線を目立たせています。TPA2006の下に隠れているので見づらいですが、（＋）とGNDを繋ぐ配線を忘れないようにしてください。

● Raspberry Pi、スピーカー、アンプ接続図

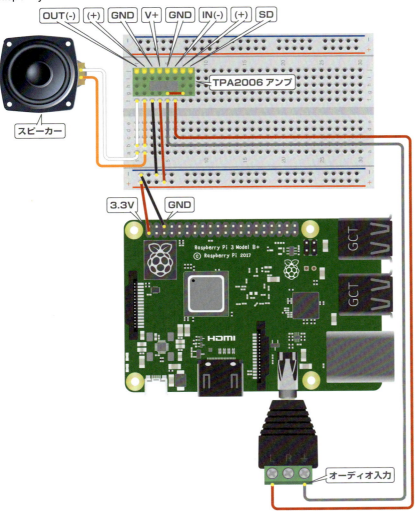

　端子台のついた3.5mmミニプラグに、ジャンパー線を接続します。黒いジャンパー線をGNDに接続し、「L」と記述された部分に赤いジャンパー線をつないでいます。

119

●3.5mmステレオミニプラグ⇔スクリュー端子台（http://akizukidenshi.com/catalog/g/gC-08853/）

●3.5mmステレオプラグ　　●スクリュー端子台にジャンパー線を接続した図

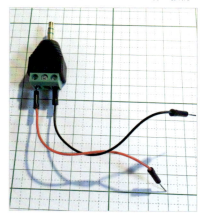

　次に、TPA2006を使ったアンプキットに、ブレッドボードに差しやすいようにピンヘッダをはんだ付けします（写真の青い囲み罫部分）。

●ピンヘッダを半田付けしたアンプキット裏面

また、このアンプを常時接続する（外部からのコントロールをしない）ために、写真の赤枠部分もはんだ付けしショートさせます。

● 赤枠部分をショートしたアンプキット

スピーカーとの接続をシングルエンド型にするため、IN（＋）と、GNDを短い導線でつなぎます（写真のブレッドボード上の5番と7番）。そのGND（5番）にオーディオ音声入力の黒いジャンパー線を接続します。IN（−）（6番）とオーディオの赤いジャンパー線もつなぎます。

● スピーカーとブレッドボードの接続。5番と7番の接続も忘れないように

電源（＋）（4番）とRaspberry Piの3.3Vを、電源（−）（3番）とGNDもつなぎます。

スピーカーから出ているオレンジの線（プラス側）とアンプのOUT（＋）（2番）を、白いマイナス側とOUT（−）（1番）をそれぞれ接続します。

最後にアンプキットを、ブレッドボードの1番から8番までに差さるようにセットします。全体は次の写真のようになっています。

●アンプキットをブレッドボードに挿した全体図

## ▶ スピーカーからの音声出力

スピーカーとアンプをRaspberry Piに接続できたら、音声出力を試してみましょう。
まず、「**aplay**」コマンドでRaspberry Piの音声出力デバイスの一覧を表示します。

```
$ aplay -l
**** ハードウェアデバイス PLAYBACK のリスト ****
カード 0: ALSA [bcm2835 ALSA], デバイス 0:bcm2835 ALSA [bcm2835 ALSA]
  サブデバイス: 7/7
  サブデバイス  #0: subdevice #0
  サブでバイス  #1: subdevice #1
  サブデバイス  #2: subdevice #2
  サブデバイス  #3: subdevice #3
  サブデバイス  #4: subdevice #4
  サブデバイス  #5: subdevice #5
  サブデバイス  #6: subdevice #6
カード 0: ALSA [bcm2835 ALSA], デバイス 1: bcm2835 ALSA [bcm2835 IEC958/HDMI]
```

```
サブデバイス:1/1
サブデバイス #0: subdevice #0
```

「カード 0」「デバイス 0」のbcm2835 ALSAが、Raspberry Pi標準のオーディオジャックからの再生デバイスです。

音量の調節は「**amixer**」コマンドで行います。8割ほどの音量にセットしてみます。

```
$ amixer sset PCM 80% ⏎
Simple mixer control 'PCM',0
  Capabilities: pvolume pvolume-joined pswitch pswitch-joined
  Playback channels: Mono
  Limits: Playback -10239 - 400
  Mono: Playback -1727 [80%] [-17.27dB] [on]
```

「**speaker-test**」コマンドで、スピーカーからの出力チェックを行えます。「-c2」オプションをつけて実行し、詳細表示と共にザーという雑音が再生されたら、スピーカーが動作していることを確認できます。

```
$ speaker-test -c2 ⏎

speaker-test 1.1.3

再生デバイス: default
ストリームパラメータ : 48000Hz, S16_LE, 2 チャネル
16 オクターブのピンクノイズを使用
レート 48000Hz(要求値 48000Hz)
バッファサイズ範囲 256 ~ 32768
ピリオドサイズ範囲 256 ~ 32768
最大バッファサイズ 32768 を使用
ピリオド数 = 4
period_size = 8192 で設定
buffer_size = 32768 で設定
 0 - Front Left |
 1 - Front Right
ピリオド時間 = 5.133764
```

最後に**aplay**コマンドでRaspberry Piのサンプル音源を再生し、充分な音量が出るか確認します。

```
$ aplay /usr/share/sounds/alsa/Front_Center.wav ⏎
再生中 WAVE '/usr/share/sounds/alsa/Front_Center.wav' : Signed 16 bit Little Endian,
レート 48000 Hz, モノラル
```

「フロント、センター」という女性の声が聞こえたら、スピーカーのセットアップは完了です。もし音量が小さい場合は、alsamixerで音量を上げるなどして、調整してみてください。

Chapter 4 | Raspberry Piでの電子工作の基本

# Section 4-4 USBマイクを使って録音、スピーカーとの連動

Raspberry Piから音声を出力できたら、USBマイクを使って音声の入力（録音）を行います。さらに、ここまでに解説したLED、スイッチ、スピーカーを連動させられれば、Raspberry Piでの電子工作の基本をマスターしたことになります。

## ▶ USBマイク、スピーカー、スイッチの完成図と利用部品

ここではRaspberry PiとUSBマイク、スピーカー、スイッチを連動させた電子工作を行います。利用部品は次のとおりですが、ここまでに使ってきた部品がほとんどです。今回新たに追加した部品は、録音に使うUSBマイクです。

●Raspberry Piとマイク、スピーカー、スイッチ

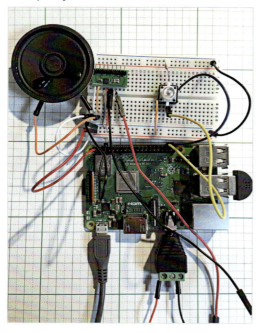

| 利用部品 | |
|---|---|
| ブレッドボード（30穴） | 1個 |
| ジャンパー線（オス-オス） | 9本 |
| ジャンパー線（オス-メス） | 9本 |
| 導線（ビニール線） | 6本 |
| 小型スピーカー（8Ω 0.4W） | 1個 |
| 3.5mmステレオミニプラグ-スクリュー台付き | 1個 |
| TPA2006 小型アンプキット | 1個 |
| 抵抗 330Ω | 1個 |
| LED付きタクトスイッチ | 1個 |
| USBマイク | 1個 |

Section 4-4 | USBマイクを使って録音、スピーカーとの連動

## > USBマイクの接続

　Raspberry Piの音声の録音は、p.27で紹介した小型USBマイクを使います。このマイクはコネクタ部分も含めて2cm四方ほどの小型なものです。とても安価で、Raspberry PiのUSB端子に挿すだけで使うことができます。マイクをRaspberry PiのUSBポートに挿入します。

●小型USBマイク

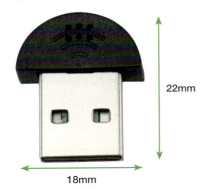

●Raspberry PiにUSBマイクを差し込んだ様子

　マイクがハードウェア的に認識されているか確認します。「lsusb」コマンドを実行すると、Raspberry Piに認識されているUSBデバイスが一覧表示されます。

```
$ lsusb
Bus 001 Device 004: ID 0d8c:013c C-Media Electronics, Inc. CM108 Audio Controller
Bus 001 Device 005: ID 0424:7800 Standard Microsystems Corp.
Bus 001 Device 003: ID 0424:2514 Standard Microsystems Corp. USB 2.0 Hub
Bus 001 Device 002: ID 0424:2514 Standard Microsystems Corp. USB 2.0 Hub
Bus 001 Device 001: ID 1d6b:0002 Linux Foundation 2.0 root hub
```

　マイクが正常に接続されていると「C-Media Electronics」と表示され、ハードウェアが認識されているのがわかります。
　次に、録音するときに使う **arecord** コマンドで、ハードウェアのカード番号、デバイス番号を確認します。

```
$ arecord -l
**** ハードウェアデバイス CAPTURE のリスト ****
```

```
カード 1: Device [USB PnP Sound Device], デバイス 0: USB Audio [USB Audio]
  サブデバイス: 1/1
  サブデバイス #0: subdevice #0
```

「**** ハードウェアデバイス CAPTUREのリスト ****」(録音用デバイスのリスト)に「カード1」「デバイス0」としてUSBデバイスが認識されています。

マイクの入力音量設定を**amixer**コマンドで行います。arecordコマンドで表示されたカード番号を「-c 1」と指定します。

```
$ amixer sset Mic 80% -c 1
Simple mixer control 'Mic',0
  Capabilities: cvolume cvolume-joined cswitch cswitch-joined
  Capture channels: Mono
  Limits: Capture 0 - 16
  Mono: Capture 13 [81%] [19.34dB] [on]
```

なお**alsamixer**コマンドで、グラフィカルなオーディオ調節ツールを開くことができます。

```
$ alsamixer
```

初期状態では再生デバイス(スピーカー)が表示されます。amixerで設定したように、音量が80%になってるはずです。

●**alsamixer 再生デバイス画面**

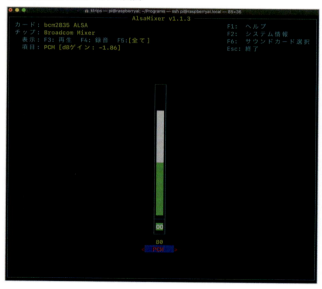

F6キーを押すとサウンドカードを選べます。ここではUSBマイク（カード1）を選びます。

● alsamixer サウンドカード選択画面

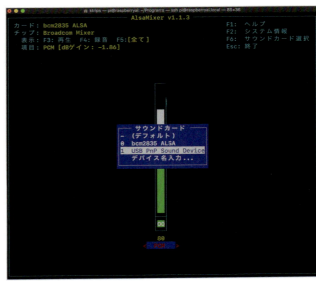

録音デバイスの設定画面では、先ほどamixerで設定したマイクの80%程の設定を確認できました。適宜、上下カーソルキー（↑↓）で音量を変更できます。

最後に Esc キーを押すと、設定画面を終了します。

マイクの接続確認ができたので、音声の録音をしてみましょう。まず、cdコマンドでProgramsディレクトリ内へ移動し、mkdirコマンドで「sound」という音声保存ディレクトリを作ります。

cdコマンドでsoundディレクトリへ移動して、arecordコマンドで録音を行います。plughwの後の数字は、先程確認した録音デバイスのカード番号、デバイス番号を指定してください。ここでは、-dオプションで5秒間録音するように指定しました。コマンドを実行すると、soundディレクトリ内にvoice.wavという音声ファイルが作られます。

● alsamixer 録音デバイス画面

```
$ cd ~/Programs
$ mkdir sound
$ cd sound
$ arecord -D plughw:1,0 -d 5 -f cd voice.wav
録音中 WAVE 'voice.wav' : Signed 16 bit Little Endian, レート 44100 Hz, ステレオ
```

録音できたか確かめるためにスピーカーを使って音声を再生してみます。aplayコマンドで音声ファイルを再生します。上手く音が出ない時は、マイクの音量や、スピーカーの調整などを行い、再度試してみてください。

```
$ aplay voice.wav
再生中 WAVE 'voice.way' : Signed 16 bit Little Endian, レート 44100 Hz, ステレオ
```

## マイク、スピーカー、スイッチとの接続

これまでに作成したスイッチとスピーカー、マイクをつないで連動させます。
次の配線図や、次ページの実際に接続した写真を元に、LED付きスイッチとスピーカーをブレッドボード上に設置していきます。配線図では、アンプキットの下に導線やジャンパー線の配線があるので、わかりやすくするためアンプキットを半透明にして配線を目立たせています。

●スイッチ、スピーカーおよびアンプ、USBマイクの配線図

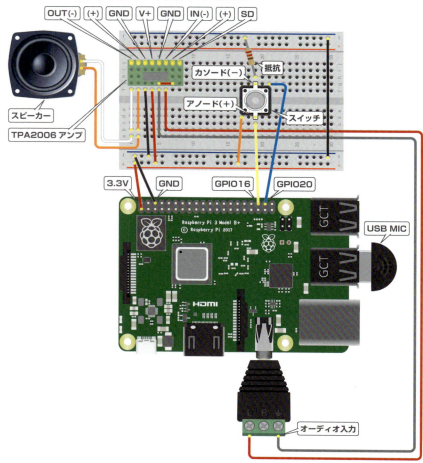

Section 4-4 | USBマイクを使って録音、スピーカーとの連動

　スピーカーはSection 4-3同様にTPA2006アンプキットを介して接続します。LED付きタクトスイッチは、Raspberry Pi内のプルダウン抵抗を使う形で、シンプルにセットしています。

●Raspberry Pi、マイク、スピーカー、スイッチをブレッドボード上に接続

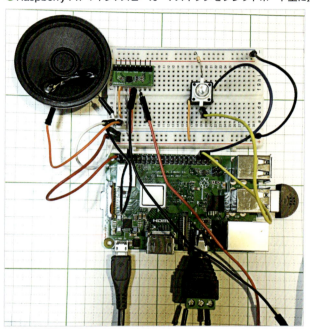

## 全体を通したプログラム

　全てのデバイスを連携させたPythonプログラムを作ります。
　まず、ボタンを押すとLEDが光って、音声を再生します。長押し（1.5秒以上）すると、別の音声ファイルを再生するようにします。
　あらかじめ、arecordコマンドで「1.wav」と「0.wav」の2種類の音声ファイルを作成します。soundディレクトリへ移動して作業します。それにより、soundディレクトリ内に音声ファイルが作成されます。
　1行目のコマンドを実行して、「ボタンを押しました！」と吹き込み、1.wavを作成します。
　同様に2行目のコマンドを実行して「長押しされました！」と吹き込み、0.wavを作成します。

```
$ arecord -D plughw:1,0 -d 2 -f cd 1.wav
$ arecord -D plughw:1,0 -d 2 -f cd 0.wav
```

/home/pi/Programs/sound/ディレクトリに音声ファイルが保存されているのを確認しましょう。

```
$ ls ~/Programs/sound/
```

Chapter 4 | Raspberry Piでの電子工作の基本

```
0.wav 1.wav voice.wav
```

Pythonプログラム（switch_speaker.py）を作ります。

● ボタンを押すとLEDが光り、音声ファイルを再生するプログラム

switch_speaker.py

```python
# -*- coding: utf-8 -*-
import time
import RPi.GPIO as GPIO
import os ①

LED    = 16
BUTTON = 20
GPIO.setmode(GPIO.BCM)
GPIO.setup(LED, GPIO.OUT)
GPIO.setup(BUTTON, GPIO.IN, pull_up_down=GPIO.PUD_DOWN) ②
GPIO.add_event_detect(BUTTON,GPIO.FALLING)

hold_time = 1.5 ③
sound_dir = "/home/pi/Programs/sound/" ④

while True:
    if GPIO.event_detected(BUTTON):
        GPIO.remove_event_detect(BUTTON)
        now = time.time()
        count = 0
        GPIO.add_event_detect(BUTTON,GPIO.RISING)
        while time.time() < now + hold_time: ⑤
            if GPIO.event_detected(BUTTON):
                count +=1 ⑥
                time.sleep(.3)

        print count
        if count <> 0:
            sound_file = "1"
        else:
            sound_file = "0"
        GPIO.output(LED, GPIO.HIGH)
        os.system("aplay " + sound_dir + sound_file + ".wav") ⑦
        GPIO.output(LED, GPIO.LOW)

        GPIO.remove_event_detect(BUTTON)
        GPIO.add_event_detect(BUTTON, GPIO.FALLING)

GPIO.cleanup(BUTTON)
```

① 再生コマンドを実行するためのosというライブラリをインポートします。

② Section 4-2と同様に、BUTTON変数としてGPIO20を入力設定にします。またRaspberry Pi内プルダウ

130

ン抵抗をセットします。

　③長押しを判定するための時間を1.5秒に定義します。

　④ 音声ファイルの場所を指定します。

　⑤ 長押し（1.5秒）を判定します。

　⑥ ボタンを押した回数をカウントします。

　⑦ ボタンの押下か長押しかによって、音声を変えて再生します。

switch_speaker.pyを実行してみましょう。次のようにコマンドを実行します。

```
$ python switch_speaker.py ⏎
```

　プログラム実行後、ボタンを押すとLEDが光り「ボタンを押しました！」と音声が再生されます。ボタンを複数回押すと、その回数が画面に表示されます。

　1.5秒以上長押しすると、「長押しされました！」と音声を再生します。

```
$ python switch_speaker.py
switch_speaker.py:9: RuntimeWarning: This channel is already in use, continuing any
way. Use GPIO.setwarnings (False) to disable warnings.
  GPIO.setup(LED, GPIO.OUT)
1
再生中 WAVE '/home/pi/Programs/sound/1.wav' : Signed 16 bit Little Endian, レート 4410
0 Hz, ステレオ
2
再生中 WAVE '/home/pi/Programs/sound/1.wav' : Signed 16 bit Little Endian, レート 4410
0 Hz, ステレオ
0
再生中 WAVE "/home/pi/Programs/sound/0.wav' : Signed 16 bit Little Endian, レート 4410
0 Hz, ステレオ
3
再生中 WAVE '/home/pi/Programs/sound/1.wav' : Signed 16 bit Little Endian, レート 4410
0 Hz, ステレオ
```

●ボタンを押す前

●ボタンを押すと、LEDが光り、音声が再生されます

　これで、Raspberry Piを使った、LED、スイッチ、スピーカー、マイクの使い方がマスターできました。この電子工作の基本を元に、Chapter 5以降で、いよいよRaspberry Piを使ったAI作りに入っていきます。

# Chapter 5

## AIスマートスピーカーを自作してみよう

AIを使った電子工作の初めの一歩として、「OK Google」の声で操作できるスマートスピーカーを自作しましょう。Googleが提供する「Assistant API」を使うことにより、ソフトウェアのインストールと、スピーカー、マイクなどの接続だけで比較的簡単にできてしまいます。自分好みのコマンド、ハードウェアも追加する拡張機能にも挑戦してみましょう。

Section 5-1 ▶ スマートスピーカーとは

Section 5-2 ▶ Google Assistant APIの設定

Section 5-3 ▶ Assistant SDK（Python）の
　　　　　　　Raspberry Piへのインストール

Section 5-4 ▶ スマートスピーカーの
　　　　　　　ハードウェアを作成する

Section 5-5 ▶ 自作スマートスピーカーを使ってみよう

Section 5-6 ▶ スマートスピーカーのカスタマイズ

Chapter 5 | AIスマートスピーカーを自作してみよう

# Section 5-1　スマートスピーカーとは

AIを活用したスマートスピーカーは、そもそもどのように作られているのでしょうか。その中身を理解し、作り方の手順をおさえます。また、自作で使用するGoogle Cloud PlatformとAssistant APIについて、その基本的設定を行なっていきます。

## ▶ スマートスピーカーの完成図と必要部品

この章から、いよいよAI電子工作に入っていきます。
ここでは、Google Assistant機能を使ったスマートスピーカーを自作します。利用する部品は次のとおりです。

●スマートスピーカーの完成図

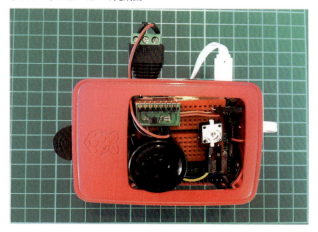

利用部品
- 小型スピーカー　　　　　　　　1個
- TPA2006 アンプキット　　　　　1個
- USBマイク　　　　　　　　　　1個
- タクトスイッチ　　　　　　　　1個
- ジャンパー線（オス-オス）　　　2本
- ジャンパー線（オス-メス）　　　6本
- 導線（ビニール線）　　　　　　5本
- 小型ブレッドボード（17穴）　　1個
- Raspberry Pi用ケース　　　　　1個

Google Assistant機能を利用するために、Googleアカウントが必要です。Google Assistantを日本語化する際にスマホアプリから実行する必要があるので、スマホ（iPhone・Android）が必要になります。

## ▶ スマートスピーカーとは

**スマートスピーカー**は、人の呼びかけで起動して、「今日の天気教えて」「ニュースを読んで」などのように話しかけるだけで、内容を解釈して適切な答えを音声で返すAI搭載のスピーカーです。
Googleが提供する「**Google Home**」や、Amazonの「**Amazon Echo**」、LINEの「**Clova Friends**」などがメジャーなスマートスピーカーです。

Section 5-1 | スマートスピーカーとは

● Google Home（https://store.google.com/jp/product/google_home）

　これらは製品として販売されているスマートスピーカーですが、各社その基本機能を外部から使えるように公開しています。これは、外部メーカーなどに自社のAI機能を使ってもらって、AIとしての幅広いハードウェアのラインナップとして拡充するためです。

● Google Assistant搭載のSONY製テレビ（https://www.sony.jp/support/tv/connect/google-assistant/）

そして、そのような機能が「**API**（Application Programming Interface）」として提供され、ネットワーク越しに個人でも使えるようになっているのです。

　ここでは、「OK Google」で起動するスマートスピーカー機能「Google Assistant API」を、Raspberry Piの中にインストールして作っていきたいと思います。そんな高機能なものをいきなり作れるのだろうか、と心配になるかもしれません。実はGoogleから詳細な作り方も公開されていて、驚くほど簡単に作れてしまいます。

## ▶ GoogleのAI機能

　検索エンジンで有名なGoogleは、自社のプロダクトの中で様々なAI機能を使っています。Google検索時の入力候補や、Google Photoでの人物・物体検索、Google翻訳やGoogle Mapにも数多くのAIが使われています。

　Googleは、自社のサービスやプロダクトで使っている技術をAPIの形で外部に開放しています。GoogleのAI機能として提供されるAPIには、主に次のようなものがあります。

- 画像解析機能「**Cloud Vision API**」
- 音声認識機能「**Cloud Speech-to-Text API**」
- 翻訳機能「**Cloud Translation API**」
- 音声応答AI機能「**Google Assistant API**」

●GoogleのAI系APIの例（https://console.cloud.google.com/apis/library?filter=category:machine-learning）

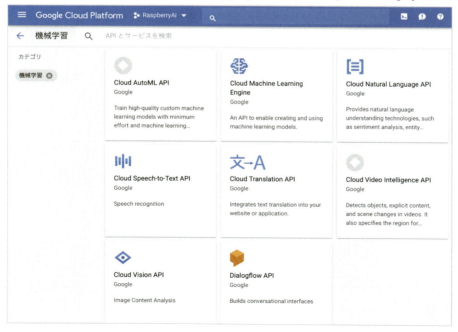

スマートスピーカーの自作では、Google Homeの機能の中核であるGoogle Assistant APIを使います。

●Google Assistant API（https://console.cloud.google.com/apis/library/embeddedassistant.googleapis.com）

## Google Cloud Platformとインストールの手順について

Google Assistant APIをインストールするのには、大きく次の3つのステップがあります。

1. Google Cloud Platformの登録と設定
2. Google Assistant APIの設定
3. Assistant SDKのRaspberry Piへのインストール

Googleのクラウド全般を扱う「**Cloud Platform**」（https://cloud.google.com/）にサインオンする必要があります。ここでAPI機能を有効化していきます。

●Google Cloud Platformのサービス一覧（https://cloud.google.com/）

Google Assistant APIは非商用利用では無料です。その他のAPIサービスも、一定範囲で個人的な電子工作で使う分には、ほとんどは無料で始められます。価格の詳細はGoogleのページなどで確認してください（https://cloud.google.com/pricing/）。

●Google Cloudの料金について（https://cloud.google.com/pricing/）

https://console.cloud.google.comからGoogle Cloud Platformにアクセスしてアカウントを取得します。自分が使用しているGmailでログインします。Gmailアカウントが無い場合は、https://www.google.com/intl/ja/gmail/about/へアクセスして新規作成します。

今回の利用目的は個人的な電子工作ですので、「自分用」を選んで登録を進めます。利用規約などを確認してサインアップします。

●Cloud Platformサインアップ画面

アカウントの登録が済むと、Cloud Console画面になります。最初は「組織なし」と表示されているプロジェクトを選んで画面を開きます。

● プロジェクトの選択画面

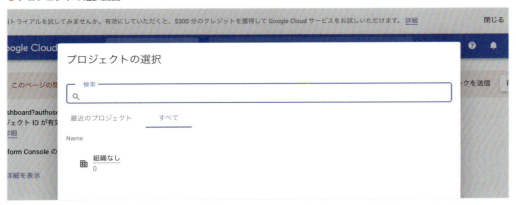

初めに「新しいプロジェクト」ボタンをクリックして、新規プロジェクトを作成します。この時、料金が発生したときの支払い方法としてクレジットカードなどの入力を求められますが、無料の範囲内であれば請求されることはありません。

ここでは、サンプルのプロジェクトとして「RaspberryAi」というプロジェクト名にしています。今後、このプロジェクトIDを使ってAPIを付与したり設定を行なっていくので、自分のIDをメモしておいてください。

**プロジェクト名：** RaspberryAi
**プロジェクトID：** raspberryai

● 新しいプロジェクト登録画面

●プロジェクト情報画面

　Google Cloud Platformの設定とAPIなどの登録を進める準備ができました。
　Assistant APIの設定は次のSection 5-2で、パソコンのブラウザ上で行います。また、SDKのインストールはSection 5-3で、Raspberry Pi上で行ないます。

## Section 5-2　Google Assistant APIの設定

Google Assistant APIの設定作業を行います。少し長く、色々な設定がありますが、今後Google APIを使う時に何度か出てくるので、ここでマスターしておいてください。この設定が終わると、Raspberry Pi上での実際のAssistant SDKのインストールに移ります。

### Google Assistant APIの有効化

Assistant APIを利用するために、前節で解説したCloud Platform上でAPIを有効化する必要があります。
　Cloud Platform上部の検索窓で「Assistant」と入力して検索してAssistant APIを表示します。ログインした状態で次のURLへアクセスしてAPI画面を開くこともできます。

●Assistant APIのURL

https://console.developers.google.com/apis/api/embeddedassistant.googleapis.com/overview

　画面中の「有効にする」ボタンをクリックします。これで今回のサンプル「RaspberryAi」プロジェクト上で、Assistant APIが使えるようになります。

●Google Assistant APIの有効化

APIを有効化したら、ページ左下の「Learn more」をクリックしてAssistant SDKのページ（https://developers.google.com/assistant/sdk/）にアクセスします。

●Assistant SDKへ

Assistant SDKのページには、様々な情報やインストール方法などが載っています。まず、「Create a project in minutes」にある「Get started」ボタンをクリックします。

「LIBRARY」とは、Google Assistant Libraryのことです。「OK Google」の発話（ホットワード）により、音声AI機能を使えるようにするライブラリです。

●Assistant SDKのページ
（https://developers.google.com/assistant/sdk/）

## SDKインストール

Assistant SDKはJavaやPHPなどの様々なプログラム言語、そしてプラットフォームに対応しています。今回はRaspberry Pi上で使うので、Assistant SDK for Python（PythonベースのSDK）を導入していきます。

Assistant SDKでの作業は次のとおりです。ちょっと数が多いですが、1つずつ確実に進めていきましょう。

- **Actionsプロジェクトの作成**
- **API認証情報の設定**
- **アクティビティの設定**
- **モデルの登録**
- **Traitsの登録**

## Actions on Googleプロジェクトの作成

「Actions on Google」（https://console.actions.google.com/）にアクセスして、今回のスマートスピーカーを作るプロジェクトを登録します。画面内の「Add/import project」をクリックして、新規プロジェクト画面を開きます。

●Actions on Google（https://console.actions.google.com/）

Chapter 5 | AIスマートスピーカーを自作してみよう

　新規プロジェクト作成画面で設定を行います。プロジェクト名は先に設定したものが呼び出されます。Language（言語）とCountry（国）は「Japanese」（日本語）、「Japan」（日本）を選んでいます。「IMPORT PROJECT」ボタンをクリックするとプロジェクトが作成されます。

**Project Name：**RaspberryAi（事前に作成済みのプロジェクト名を呼び出します）
**Language：**Japanese
**Country：**Japan

● 新規プロジェクトの作成

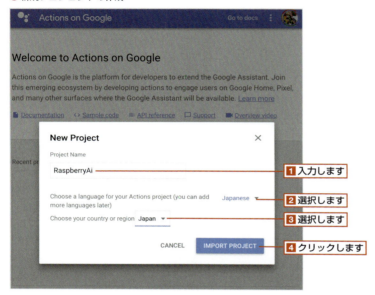

　これで新規Actionsプロジェクトが立ち上がりました。

144

●新規プロジェクト

この画面を表示したまま、次の設定に進みます。

## Google API認証情報の設定

次に、認証情報の設定を行います。認証情報の設定ページ（https://console.developers.google.com/apis/credentials/consent）にアクセスします。左カラムから「OAuth 同意画面」を選択します。

「アプリケーション名」に任意のアプリケーション名を入力し、それ以外の項目は初期設定のままで構わないので、「作成」ボタンをクリックします。

●認証情報の設定（https://console.developers.google.com/apis/credentials/consent）

## アクティビティの設定

続いてアクティビティ管理を設定します。アクティビティ管理のページ（https://myaccount.google.com/activitycontrols）へアクセスして、Google機能の操作中のアクティビティの保持を有効化する必要があります。

次の3項目をアクティブ（右側のスライドバーを右に移動して有効にする）にします。

- **ウェブとアプリのアクティビティ**
- **デバイス情報**
- **音声アクティビティ**

●アクティビティ管理（https://myaccount.google.com/activitycontrols）

## ▶ モデルの登録

　Actions on Googleのページ（https://console.actions.google.com/）へ戻り、デバイス、モデルの登録を行います。先程作ったプロジェクト（本書では「RaspberryAi」）の下部に「Device registration」という項目があるので、そこをクリックします。

●「Device registration」をクリック

　デバイス登録画面が表示されます。「REGISTER MODEL」をクリックします。

●デバイス登録画面

　プロダクト名、マニュファクチャ名は、任意の名称を入力します。デバイスタイプは「Speaker」などを選んでおいてください。

**Product name**：RasAiPrd
**Manufacturer name**：RasAiMnf
**Device type**：Speaker（選択）
**Model id**：raspberryai-rasaiprd

● デバイスの登録

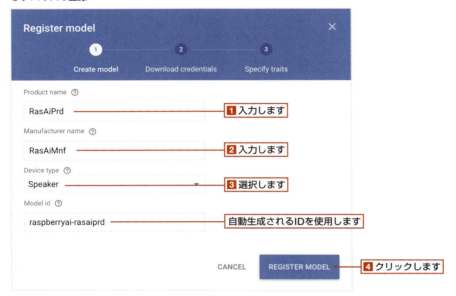

「REGISTER MODEL」ボタンをクリックすると、証明書ダウンロードページが表示されます。

「Download」ボタンをクリックして、パソコン上に証明書をダウンロードします。ここでダウンロードしたファイルをRaspberry Piに転送します。

● 証明書をダウンロード

●Traitsの設定

デバイスの登録が済むと、デバイス一覧に登録した名前が表示されるようになります。先程の証明書を再度取得したい場合は、この画面右側から再ダウンロードできます。

●証明書の再取得

これで、パソコン（ブラウザ）上で行うGoogle Assistant APIの設定は完了です。

### NOTE

**パソコン上でダウンロードしたファイルを Raspberry Pi に転送する方法**

パソコンのブラウザ上でGoogle Assistant APIの設定等を行い、証明書ファイルなどをダウンロードしたら、Raspberry Piへファイルを転送する必要があります。転送方法はいくつかありますが、一例をここで紹介します。

#### Windowsの場合

Windowsの場合は、Tera Termを使うと簡単にファイルを転送できます。Tera Termを起動してRaspberry Piへ接続します。接続した状態で、転送したいファイルをエクスプローラーで表示して、Tera Termのウィンドウにドラッグ＆ドロップします。すると「Tera Term ファイル ドラッグ＆ドロップ」ダイアログが表示されます。そのまま「OK」ボタンをクリックすれば、Raspberry Piのpiユーザーのホームディレクトリにコピーされます。

●**TeraTermでのファイル転送**

Macの場合は、ターミナルを起動して「scp」コマンドで転送できます。転送したいファイルがあるディレクトリ（例えば「ダウンロード」フォルダであれば、ユーザーのホームディレクトリ内の「Downloads」ディレクトリ）にcdコマンドで移動して、次のように指定します。

```
scp [転送するファイル名] pi@[転送先マシンのホスト名もしくはIPアドレス]:~/Downloads
```

コマンドを実行すると、piユーザーのパスワード入力を求められます。パスワードを入力すると、転送先（Raspberry Pi）のpiユーザーのホームディレクトリにファイルがコピーされます。

Section ▶ 5-3 | Assistant SDK（Python）のRaspberry Piへのインストール

## Section 5-3 ▶ Assistant SDK（Python）の Raspberry Piへのインストール

事前準備が完了したので、Raspberry PiにAssistant SDKをインストールします。Raspberry Pi上で、Googleから提供されているプログラムを1つずつインストールしていきます。最後にGoogleの認証情報とRaspberry Piを紐づけて、ソフトウェアのインストールは完了です。

### ▶ Python環境の準備

まず、Raspberry Piに「Python3」の環境を導入します。p.79でも簡単に触れましたが、現行のPythonにはPython2とPython3の2つのバージョンがあります。

Raspberry Piにデフォルトで用意されているのはPython2ですが、Google Assistant はPython3が基本となっているので、Python3のパッケージ（python3-dev）をインストールします。また、Pythonの開発環境を仮想化できる「**venv**」（python3-venv）というパッケージもインストールします。

```
$ sudo apt install python3-dev python3-venv ⏎
パッケージリストを読み込んでいます ... 完了
依存関係ツリーを作成しています
状態情報を読み取っています ... 完了
python3-dev はすでに最新バージョン (3.7.3-1) です。
python3-dev は手動でインストールしたと設定されました。
python3-venv はすでに最新バージョン (3.7.3-1) です。
python3-venv は手動でインストールしたと設定されました。
以下のパッケージが自動でインストールされましたが、もう必要とされていません：
  rpi.gpio-common
これを削除するには 'sudo apt autoremove' を利用してください。
アップグレード：0 個、新規インストール：0 個、削除：0 個、保留：3 個。
```

次に、新規仮想環境を作成します。「**python3**」コマンドに「-m」オプションでvenvモジュールを指定し、任意のディレクトリ名（次の例では「env」）を指定します。

```
$ python3 -m venv env ⏎
```

作成した仮想環境のパッケージをアップデートします。アップデートにはPythonのパッケージ管理システム「pip」を用います。次のようにコマンドを実行して「pip」「setuptools」「wheel」をアップデートします。

```
$ env/bin/python -m pip install --upgrade pip setuptools wheel ⏎
Looking in indexes: https://pypi.org/simple, https://www.piwheels.org/simple
```

Chapter **5**

スマートスピーカーを自作してみよう

**151**

```
Collecting pip
  Downloading https://files.pythonhosted.org/packages/30/db/9e38760b32e3e7f40cce46d
d5fb107b8c73840df38f0046d8e6514e675a1/pip-19.2.3-py2.py3-none-any.whl (1.4MB)
    100% |████████████████████████████████| 1.4MB 97kB/s
Collecting setuptools
  Downloading https://files.pythonhosted.org/packages/b2/86/095d2f7829badc207c893dd
4ac767e871f6cd547145df797ea26baea4e2e/setuptools-41.2.0-py2.py3-none-any.whl (576k
B)
    100% |████████████████████████████████| 583kB 418kB/s
Collecting wheel
  Retrying (Retry(total=4, connect=None, read=None, redirect=None, status=None)) af
ter connection broken by 'ProtocolError('Connection aborted.', RemoteDisconnected('
Remote end closed connection without response'))': /simple/wheel/
  Downloading https://files.pythonhosted.org/packages/00/83/b4a77d044e78ad1a45610e
b88f745be2fd2c6d658f9798a15e384b7d57c9/wheel-0.33.6-py2.py3-none-any.whl
Installing collected packages: pip, setuptools, wheel
  Found existing installation: pip 18.1
    Uninstalling pip-18.1:
      Successfully uninstalled pip-18.1
  Found existing installation: setuptools 40.8.0
    Uninstalling setuptools-40.8.0:
      Successfully uninstalled setuptools-40.8.0
Successfully installed pip-19.2.3 setuptools-41.2.0 wheel-0.33.6
```

　Python3での仮想環境をアクティベイト（有効化）します。コマンドプロンプトの行頭に「(env)」と表示されるようになります。以降はPython3環境での作業になっています。

```
pi@raspberryai:~ $ source ~/env/bin/activate
(env) pi@raspberryai:~ $
```

**NOTE**

**ログアウトした場合**

ログアウトして再びログインした場合、Python3環境で作業するためには再度「source ~/env/bin/activate」を実行する必要があります。

**NOTE**

**Python3の仮想環境を有効化してコマンド実行**

これ以降、記事中のコマンドプロンプトの冒頭が「(env) $」となっている場合は、Python3の仮想環境を有効化して作業していることを表します。

## ▶ Assistant SDKのインストール

　Assistant SDK本体をインストールします。

　Assistant SDK導入にあたって、依存ライブラリ（portaudio19-dev、libffi-dev、libssl-dev、libmpg123-dev）をaptコマンドでインストールします。

　インストールするパッケージや使用するディスク領域が表示されたら、「続行しますか？ [Y/n]」と確認を促されます。「Y」（Yes）を入力して Enter キーを押せばインストールを続行します。なお、aptコマンドに「-y」オプション（問い合わせに対してすべて「y」を返す）を付けて実行すると、問い合わせは発生せずインストールが実行されます。

Section ▶ 5-3 | Assistant SDK（Python）のRaspberry Piへのインストール

● 依存ライブラリのインストール

```
$ sudo apt install portaudio19-dev libffi-dev libssl-dev libmpg123-dev ↵
パッケージリストを読み込んでいます ... 完了
依存関係ツリーを作成しています
状態情報を読み取っています ... 完了
libssl-dev はすでに最新バージョン (1.1.1c-1) です。
libssl-dev は手動でインストールしたと設定されました。
以下のパッケージが自動でインストールされましたが、もう必要とされていません：
  rpi.gpio-common
これを削除するには 'sudo apt autoremove' を利用してください。
以下の追加パッケージがインストールされます：
  libasound2-dev libjack-jackd2-dev libout123-0 libportaudiocpp0
提案パッケージ：
  libasound2-doc portaudio19-doc
以下のパッケージが新たにインストールされます：
  libasound2-dev libffi-dev libjack-jackd2-dev libmpg123-dev libout123-0
  libportaudiocpp0 portaudio19-dev
アップグレード： 0 個、新規インストール： 7 個、削除： 0 個、保留： 3 個。
602 kB のアーカイブを取得する必要があります。
この操作後に追加で 1,924 kB のディスク容量が消費されます。
続行しますか？ [Y/n] Y ↵
（後略）
```

Assistant Libraryのインストールを行います。Assistant Libraryはpipコマンドでインストールします。

● Assistant Libraryのインストール

```
$ python -m pip install --upgrade google-assistant-library==1.0.1 ↵
Looking in indexes: https://pypi.org/simple, https://www.piwheels.org/simple
Collecting google-assistant-library==1.0.1
  Downloading https://files.pythonhosted.org/packages/15/14/e5d242f45cda238740f9cde
559a07a0c712ac9b22aa94d3a6f7986b92548/google_assistant_library-1.0.1-py2.py3-none-
linux_armv7l.whl (5.6MB)
    |████████████████████████████████| 5.6MB 2.3MB/s
（中略）
Installing collected packages: pyasn1, rsa, cachetools, six, pyasn1-modules, google
-auth, enum34, urllib3, idna, chardet, certifi, requests, argparse, pathlib2, google
-assistant-library
Successfully installed argparse-1.4.0 cachetools-3.1.1 certifi-2019.6.16 chardet-3.0
.4 enum34-1.1.6 google-assistant-library-1.0.1 google-auth-1.6.3 idna-2.8 pathlib2-
2.3.4 pyasn1-0.4.6 pyasn1-modules-0.2.6 requests-2.22.0 rsa-4.0 six-1.12.0 urllib3-
1.25.3
```

続いて、同様にpipでAssistant SDKをインストールします。

● Assistant SDKのインストール

```
$ python -m pip install --upgrade google-assistant-sdk[samples]==0.5.1 ↵
Looking in indexes: https://pypi.org/simple, https://www.piwheels.org/simple
Collecting google-assistant-sdk[samples]==0.5.1
  Downloading https://files.pythonhosted.org/packages/47/26/b405a0236ea5dd128f4b9c0
```

153

```
0806f4c457904309e1a6c60ec590e46cc19c4/google_assistant_sdk-0.5.1-py2.py3-none-any.
whl
Collecting google-auth-oauthlib[tool]>=0.1.0 (from google-assistant-sdk[samples]==
0.5.1)
  Downloading https://files.pythonhosted.org/packages/74/a2/1323b1bce9935ac948cd486
3509de16cf852cd80b12dd29e648c65fea93d/google_auth_oauthlib-0.4.0-py2.py3-none-any.
whl
Collecting sounddevice<0.4,>=0.3.7; extra == "samples" (from google-assistant-sdk[s
amples]==0.5.1)
 (後略)
```

認証情報を登録します。Raspberry Piと、作成したプロジェクトなどを紐付かせる作業です。Googleの認証ツールをインストールします。

● Google認証ツールのインストール

```
$ python -m pip install --upgrade google-auth-oauthlib[tool]
Looking in indexes: https://pypi.org/simple, https://www.piwheels.org/simple
Collecting google-auth-oauthlib[tool]
 (中略)
Successfully installed click-7.0 google-auth-oauthlib-0.4.0 oauthlib-3.1.0 requests
-oauthlib-1.2.0
```

## ▶ 認証情報の登録

インストールした認証ツール「google-oauthlib-tool」コマンドを実行します。「[クライアントIDのパス]」の部分は、Section 5-2でダウンロードした「client-xxx.json」で始まるJSONファイルを指定します。

```
$ google-oauthlib-tool \
  --scope https://www.googleapis.com/auth/assistant-sdk-prototype \
  --scope https://www.googleapis.com/auth/gcm \
  --save --headless --client-secrets [クライアントIDのパス].json
```

**長いコマンドを実行する場合**
上記のように非常に長いコマンドを実行する場合、「\」で区切ると複数行にわけて入力できます（\の後に Enter キー入力で二行目に移動）。なお、コマンドラインで長いコマンドを入力すると画面右端で二行目に折り返しますが、Enter キーを押すまでは論理的には一行として処理されます。

Section 5-3 | Assistant SDK（Python）のRaspberry Piへのインストール

#### パス（PATH）

「パス」はファイルやフォルダの場所を表す文字列です。Linuxでは、ディレクトリ階層の元階層を「/」（ルート、ルートディレクトリ）と表記し、それ以下の階層を「/」で区切って表記します。例えば、ルートディレクリ内の「home」フォルダ内にある「pi」フォルダ内にある「Desktop」フォルダは、「/home/pi/Desktop」と表記します
また、ディレクトリ表記で使用する特殊な記号があります。「./」と表記すると、現在作業中のディレクトリを表します。「../」と表記すると、作業中のディレクトリの1つ上の階層のディレクトリを表します。「~/」と表記すると、現在ログイン中のユーザーのホームディレクトリを表します。
このパスを、ルートディレクトリから表記したものを「絶対パス」（あるいはフルパス）、作業中のディレクトリからの相対位置で表記したものを「相対パス」といいます。「/home/pi/Desktop」は絶対パスです。/homeディレクトリで作業中にDesktopディレクトリを相対パスで表記すると、「pi/Desktop」となります。

　このコマンドを実行すると、「Please visit this URL to authorize this application:」に続いてURLを表示します。かなり長いURLですが、これをコピーします。

※「xxxxx」と表示している部分は伏せ字です。

　ここでいったんコマンド操作から離れ、Webブラウザ上での操作に移ります。
　表示されたURLをコピーし、同じネットワーク中にあるコンピュータのブラウザ（Raspberry Pi上のブラウザや、リモート管理用のパソコン上のブラウザ）でアクセスします。認証ログイン画面が表示され、自分のGoogleアカウントへのログインを求められます。Google Platformで使っているGoogleアカウントでログインします。
　ログインしたアカウントで、Googleアシスタントの使用を許可します。「選択内容を確認してください」という画面が表示されたら、内容を確認して「許可」ボタンをクリックします。

Chapter 5 ｜ AIスマートスピーカーを自作してみよう

●Googleアカウントでログインし、Googleアシスタントの使用を許可する

　認証コードが表示されます。このコードをコピーします。

●認証コードをコピー

　ふたたび、コマンド操作に戻ります。
　「Enter the authorization code:」の後に、コピーした認証コードを貼り付けます。

```
Enter the authorization code: xxxxxxxxxxxxxxxxxxxxxxxxxxxxx
```
※「xxxxx」と表示している部分は伏せ字です。

　これで認証情報がRaspberry Pi上に保存され、自分のプロジェクトとの紐づけが完了し、Google Assistantソフトウェアのインストール作業が終わりました。
　Section 5-4からスマートスピーカーのハードウェアを作って、最初のAIデバイスを完成させましょう！

Section ▶ 5-4 | スマートスピーカーのハードウェアを作成する

# Section 5-4 スマートスピーカーのハードウェアを作成する

ソフトウェアの準備が整ったので、スマートスピーカーのハードウェア部分を作成します。Raspberry Pi、スイッチ、スピーカー、マイクなどを組み合わせて、スマートスピーカーを完成させます。基本的にChapter 4で扱った部品の組み合わせなので、前章を参照して使い方を見ておいてください。

## ▶ スマートスピーカー構築で必要な部品

　Raspberry Piを使ってスマートスピーカーを作るためには、アンプ、マイク、スイッチなどの部品が必要です。これらはChapter 4で使用したものをそのまま流用できます。

　また、本節ではスマートスピーカーを小スペースにおさめるため、Raspberry Pi用ケースに一式を収めるように工夫しています。そのためRaspberry Pi用ケース、小型スピーカー、小型ブレッドボード（横17行、上下二段の電源用配線無し）を使っています。また、モバイルバッテリー（Raspberry Piに接続）で動作させることで、設置場所を選ばない形にしています。スマートスピーカーの機能を試してみたいだけであれば、スピーカーやブレッドボードはChapter 4のものを使用し、モバイルバッテリーは使用しなくても構いません。

● スマートスピーカーを作成するためのハードウェア部品

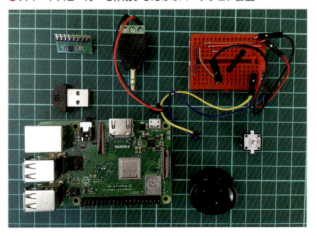

| 利用部品 | |
|---|---|
| 小型スピーカー | 1個 |
| TPA2006 アンプキット | 1個 |
| オーディオジャック | 1個 |
| USBマイク | 1個 |
| タクトスイッチ | 1個 |
| ジャンパー線（オス-オス） | 2本 |
| ジャンパー線（オス-メス） | 6本 |
| 導線（ビニール線） | 5本 |
| ミニブレッドボード（17穴） | 1個 |
| Raspberry Pi用ケース | 1個 |
| モバイルバッテリー | 1個 |

　これらの部品を使って作ったスマートスピーカーの完成形は次ページの写真です。スマートスピーカーを作るためのハードウェアの作成手順も次ページ右上に掲載しました。

Chapter ▶ 5 ｜ AIスマートスピーカーを自作してみよう

●スマートスピーカー完成写真

●スマートスピーカーのハードウェア作成手順

1. LED付きタクトスイッチの接続
2. アンプキット、スピーカーの接続
3. Raspberry Pi上での配線
4. ケースへ収納して、バッテリーから電源供給

　全体の配線図は次のようになっています。本書で解説する17穴の小型ブレッドボードを使用した場合の配線図と、一般的な30穴のブレッドボードを使用した場合の配線図を両方掲載します。配線図では、アンプキットの下に導線やジャンパー線の配線があるので、わかりやすくするためアンプキットを半透明にして配線を目立たせています。

●スマートスピーカー接続図（ミニブレッドボード使用例）

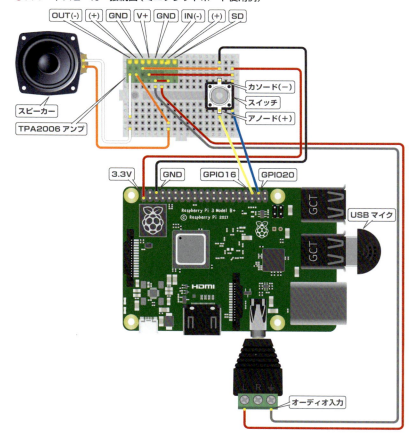

●スマートスピーカー接続図（30穴ブレッドボード使用例）

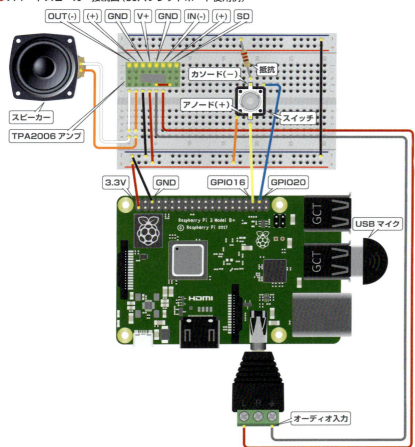

## > LED付きタクトスイッチの接続

LED付きタクトスイッチをブレッドボードに装着します。Section 4-2も参照しながら進めてください。

### ブレッドボード上での設置

　LED付きタクトスイッチのLED部分のアノード（＋。長い端子）を黄色いジャンパー線でつながるようにします（Raspberry PiのGPIO16へ）。LEDのカソード（－。短い端子）を黒いジャンパー線でつながるようにします（Raspberry PiのGNDへ）。

　LED付きタクトスイッチのスイッチ部分（4本の端子）の一端を青いジャンパー線でつながるようにします（Raspberry PiのGPIO20へ）。もう一端は赤いジャンパー線でつながるようにします（Raspberry Piの3.3Vへ）。

●LED付きタクトスイッチとブレッドボード

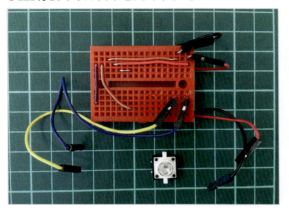

●スイッチをブレッドボードに配置

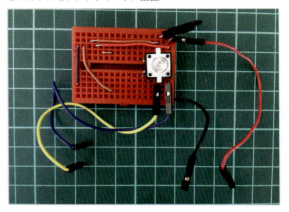

### USBマイクの設置

　USBマイクをRaspberry PiのUSBポートに挿入します。

### スイッチのRaspberry Piへの接続

　タクトスイッチをセットしたミニブレッドボードをRaspberry Piの上に乗せるようにして、写真のようにジャンパー線を接続します。

●Raspberry PiにUSBマイクを接続

●LED付きタクトスイッチを接続

## スイッチのテスト

　この状態で一度、スイッチが動くかテストをします。Section 4-2で作成した「switch_led.py」プログラムを実行して、ボタンの押し下しを検知してLEDが光るか確認しましょう。

```
$ python switch_led.py
switch_led.py:9: RuntimeWarning: This channel is already in useay.   Use GPIO.setwarnings (False) to disable warnings.
  GPIO.setup(LED, GPIO.OUT),
OFF
OFF
OFF
OFF
Switch ON!
OFF
OFF
OFF
Switch ON!
```

●スイッチを押すとLEDが光ることが確認できた

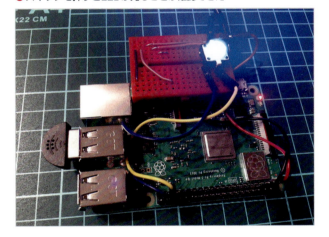

## ▶ アンプキット、スピーカーの接続

　スピーカーとアンプキットをセットアップします（スピーカーの設定はSection4-3を参照）。

### ブレッドボード上での設置

　アンプキットを、次の写真のようにブレッドボードに装着します。ピンのそれぞれの位置にジャンパー線を配置してください。

　またオーディオジャックの±端子も、アンプキットとつながるようにします。

●アンプキットをブレッドボードに設置

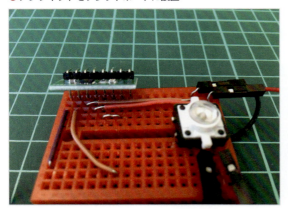

●オーディオジャックを接続

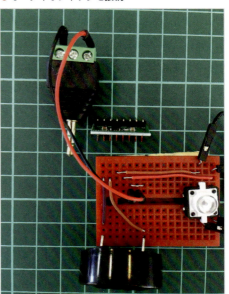

　小型スピーカーの＋ー端子をアンプキットとつながるように接続します。スピーカー、アンプキット、オーディオジャックをそれぞれつなげ、次の写真のような形になりました。

●スピーカー、アンプキット、オーディオジャック、スイッチを設置

## ▶ Raspberry Pi上での配線

Raspberry Pi上に配線します。
　LED付きタクトスイッチのスイッチとつながっている青いジャンパー線を、Raspberry PiのGPIO20へ接続します。もう一方の赤いジャンパー線はRaspberry Piの3.3Vへ接続します。
　LED付きタクトスイッチのLED部分のアノード（＋）とつながっている黄色のジャンパー線を、Raspberry Pi

のGPIO16へ接続します。もう一方の黒のジャンパー線はRaspberry PiのGNDへ接続します。
　オーディオジャックをRaspberry Piの音声端子に差します。

● ブレッドボードからRaspberry Piに接続

● オーディオジャックを接続

全てがつながったら、オーディオの接続確認を行います。
　aplayコマンドとarecordコマンドで、ハードウェアとしてのカード番号、デバイス番号を確認します。

```
$ aplay -l
**** ハードウェアデバイス PLAYBACK のリスト ****
カード 0: ALSA [bcm2835 ALSA], デバイス 0: bcm2835 ALSA [bcm2835 ALSA]
    サブデバイス: 7/7
    サブデバイス #0: subdevice #0
    サブデバイス #1: subdevice #1
    サブデバイス #2: subdevice #2
    サブデバイス #3: subdevice #3
    サブデバイス #4: subdevice #4
    サブデバイス #5: subdevice #5
    サブデバイス #6: subdevice #6
カード 0: ALSA [bcm2835 ALSA], デバイス 1: bcm2835 IEC958/HDMI [bcm2835 IEC958/HDMI]
    サブデバイス: 1/1
    サブデバイス #0: subdevice #0
```

```
$ arecord -l
**** ハードウェアデバイス CAPTURE のリスト ****
カード 1: Device [USB PnP Sound Device], デバイス 0: USB Audio [USB Audio]
    サブデバイス: 1/1
    サブデバイス #0: subdevice #0
```

arecordコマンドで、マイクからの録音ができるかを試します。次のコマンドでは、ホームディレクトリ内の

soundディレクトリに、voice.wavファイルで録音しています。
　次に、録音したファイルを再生できるか、aplayコマンドで試してみます。

```
$ arecord sound/voice.wav ⏎
録音中 WAVE 'sound/voice.wav' : Unsigned 8 bit, レート 8000 Hz, モノラル
■^Cシグナル　割り込みで中断 ...
arecord: pcm_read:2103: 割り込みエラー　：システムコール割り込み
$ aplay sound/voice.wav ⏎
再生中 WAVE 'sound/voice.wav' : Unsigned 8 bit, レート 8000 Hz, モノラル
```

## ▶ ケースに収納して、バッテリーから電源供給する

　最後にRaspberry Pi用ケースに入れて、マイク、スイッチを押しやすい位置にセットして完成です。通信は無線LANを使用し、電源に小型モバイルバッテリーを使うと、場所を選ばず家のどこにでも置けて便利です。

●Raspberry Pi部品をケースに収納

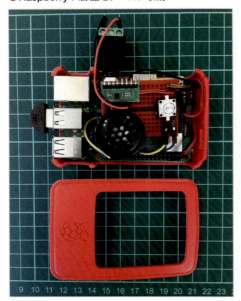

●ボタン、スピーカーなどを表に出す

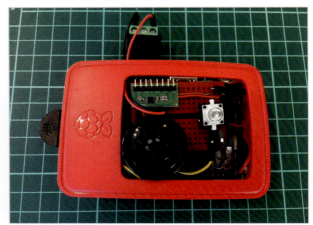

●自作スマートスピーカーにモバイルバッテリーを接続

　これで、スマートスピーカーのハードウェアも完成です！

Section 5-5 | 自作スマートスピーカーを使ってみよう

# Section 5-5 自作スマートスピーカーを使ってみよう

Section 5-4で組み上げた自作スマートスピーカーを使って、いよいよ「OK Google」（Hotword起動）をしてみましょう。ボタンを押して動き出すPush to Talk機能も試します。また、Google Assistantの各種オプションや自動起動の仕組みも解説します。

## ▶ Google Assistantの起動

　Raspberry Piに電源を入れて、Google Assistantを起動させます。まずは、英語でのAssistant機能を実行させるようにします。

●組み上げたスマートスピーカーのRaspberry Piの電源を入れる

　Raspberry Piが起動したら、SSHでRaspberry Piにログインして、コマンドが実行できる環境にします。最初に、以下コマンドでPython仮想環境をアクティベイトします。

```
pi@raspberryai:~ $ source ~/env/bin/activate
(env) pi@raspberryai:~ $
```

Chapter 5 | AIスマートスピーカーを自作してみよう

## » Hotword機能の実行

Assistantのデモプログラムは、「google-assistant-demo」コマンドで実行します。パラメータとして、--project-idオプションの後に「自分のプロジェクトID」（本書の例では「raspberryai」）を、--device-model-idオプションの後に「自分のデバイスモデルID」（本書の例では「raspberryai-rasaiprd」）を指定します。

```
(env) $ google-assistant-demo --project-id (自分のプロジェクトID) \ ⏎
> --device-model-id (デバイスモデルID) ⏎
```

「ON_START_FINISHED」とメッセージが表示されたら、マイクに向かって「OK Google」と話しかけてみてください。「ON_CONVERSATION_TURN_STARTED」と表示されたら、スマートスピーカーが質問を受け付け始めています。まず英語で「What's your name?」（「あなたの名前は何ですか？」）や「What's the weather today?」（「今日の天気は？」）などと問いかけてみてください。喋った英語が認識されて画面に表示され、Google Assistantが回答します。

```
ON_MUTED_CHANGED:
  {"is_muted": false}
  ON_MEDIA_STATE_IDLE
  ON_START_FINISHED ——— スマートスピーカーの準備が完了しました。「OK Google」と話しかけてください

ON_CONVERSATION_TURN_STARTED ——— 質問を受け付け始めています
ON_END_OF_UTTERANCE
ON_RECOGNIZING_SPEECH_FINISHED:
  {"text": "what's your name"} ——— 質問した言葉を認識して表示します
ON_RESPONDING_STARTED:
  {"is_error_response": false}
ON_RESPONDING_FINISHED
ON_RENDER_RESPONSE:
  {"text": "I'm your Google Assistant and I'm ready to assist 😊" "type":0}
ON_CONVERSATION_TURN_FINISHED:
  {"with_follow_on_turn": false}


ON_CONVERSATION_TURN_STARTED
ON_END_OF_UTTERANCE
ON_RECOGNIZING_SPEECH_FINISHED:
  {"text": "what's the weather today"} ——— 質問した言葉を認識して表示します
ON_RESPONDING_STARTED:
  {"is_error_response": false}
ON_RESPONDING_FINISHED
ON_CONVERSATION_TURN_FINISHED:
```

Section 5-5 | 自作スマートスピーカーを使ってみよう

### » Push to Talk機能の実行

次に「Push to Talk」機能も試してみます。これは、ボタンを押したら音声を聞き出す機能ですが、ここでは
まず、キーボードのスペースキーを押して実行させます。「googlesamples-assistant-pushtotalk」コマンドに、
--project-idオプションで自分のプロジェクトID、--device-model-idオプションでモデルIDを指定して起動して
ください。

```
(env) $ googlesamples-assistant-pushtotalk --project-id (自分のプロジェクトID) \
> --device-model-id (モデルID) ⏎
```

「Press Enter to send a new request」と表示されたら、キーボードのスペースキーを押します。すると、音
声入力を待ち始めます。

今回も同様に「What's your name?」(「あなたの名前は何ですか?」)などとマイクに話しかけてみましょう。
リアルタイムで会話をテキストにする様子がわかり、精度が高いことが実感できるのではないでしょうか。

```
(env) $ googlesamples-assistant-pushtotalk --project-id raspberryai --device-model
-id raspberryai-rasaiprd ⏎
INFO:root:Connecting to embeddedassistant.googleapis.com
WARNING:root:Device config not found: [Errno 2] No such file or directory: '/home/pi/
.config/googlesamples-assistant/device_config.json'
INFO:root:Registering device
INFO:root:Device registered: 31ce8dd8-44dd-11e9-a777-b827eb3a81b2
Press Enter to send a new request...          スペースキーを押します
INFO:root:Recording audio request.rview
INFO:root:Transcript of user request:ctloh".
INFO:root:Transcript of user request: "oh I".
INFO:root:Transcript of user request: "oh what".
INFO:root:Transcript of user request: "oh what's".
INFO:root:Transcript of user request: "oh what's a".
INFO:root:Transcript of user request: "oh what's in".
INFO:root:Transcript of user request: "oh what's in the".       リアルタイムで入力音
INFO:root:Transcript of user request: "oh what's in a".          声をテキスト化してい
INFO:root:Transcript of user request: "oh what's your name".     るのがわかります
INFO:root:Transcript of user request: "oh  what's your name".
INFO:root:Transcript of user request: "oh what's  your name".
INFO:root:Transcript of user request:n"oh what's your name".
INFO:root:End of audio request detected.
INFO:root:Stopping recording.
INFO:root:Transcript of user request: "oh what's your name".
INFO:root:Playing assistant response.
WARNING:root:SoundDeviceStream write underflow (size: 1600)
INFO:root:Playing assistant response.
WARNING:root:SoundDeviceStream write underflow (size: 1600)
INFO:root:Finished playing assistant response.
```

Google Assistantを使ったスマートスピーカー機能の動作が確かめられました。

167

## Google Assistantの日本語化

英語でスマートスピーカーを動作させたことを確認したら、次はGoogle Assistantを日本語化します。日本語化は、スマホにインストールしたGoogle Assistantアプリの設定で変更します。

iPhoneであれば「App Store」、Android端末であれば「Google Play」を起動します。Raspberry PiのGoogle Assistantと紐付いているGoogleアカウントで、Google Assistantアプリをインストールします。

● Googleアシスタントアプリをインストールする

スマホにアプリをインストールしたら、Assistantアプリを立ち上げます。

● Assistantアプリを起動

タップして起動します

Assistantアプリを起動してGoogleアカウントでログオンしたら、画面右上のアカウントのアイコンをタップして、アカウントの管理画面を表示します。

「アシスタント」タブを選択し、下にスクロールすると「アシスタントデバイス」という項目があります。ここに登録したモデル名（本書の例では「RasAiPrd」）が表示されます。

## ●アシスタントデバイスを表示

アシスタントデバイスを選択すると、「アシスタントの言語」という項目があります。この項目に「日本語（日本）」を追加して設定します。

## ●日本語に設定する

スマホアプリで設定が終わったら、再びRaspberry Pi上でコマンドを実行します。

google-assistant-demoコマンドを実行しましょう。前回実行時にプロジェクトIDなどを指定しましたが、その設定情報が保存されているので、今回はIDなどの指定はいりません。

```
(env) $ google-assistant-demo
```

「OK Google」と呼びかけた後、日本語で話しかけてみます。「今日の天気教えて」などとたずねると、見事、その日の天気を教えてくれました！

```
ON_MUTED_CHANGED:
  {"is_muted: false}
ON_MEDIA_STATE_IDLE
ON_START_FINISHED ──── スマートスピーカーの準備が完了しました。「OK Google」と話しかけてください

ON_CONVERSATION_TURN_STARTED ──── 質問を受け付け始めています
ON_END_OF_UTTERANCE
```

Chapter 5 | AIスマートスピーカーを自作してみよう

```
ON RECOGNIZING SPEECH_FINISHED:
  {"text": "今日の天気は何ですか"}  ──── 日本語の質問を認識して表示します
ON RENDER_RESPONSE:
  {"text": "曇りです" "type": 0}  ──── 日本語で回答します
ON_RENDER_RESPONSE:
{
  "text": "今日の世田谷は予想最高気温16度、最低気温9度で、曇り一時雨でしょう。現在気温9度、くもりです。  \n---
\n (weather.com でもっと見る)",
  "type": 0
}
ON_RESPONDING_STARTED:
  {"is error response": false}
ON_RESPONDING_FINISHED
ON_CONVERSATION_TURN_FINISHED:
  {"with_follow_on_turn": false}
```

　同様にPush to Talk（googlesamples-assistant-pushtotalkコマンド）も実行してみましょう。

　スペースキーを押した後に質問すると、日本語をリアルタイムでテキスト化し、正確に聞き取っているのがわかります。

```
(env) $ googlesamples-assistant-pushtotalk ⏎
INFO:root:Connecting to embeddedassistant.googleapis.com
INFO:root:Using device model raspberryai-rasaiprd and device id 31ce8dd844dd-11e9-
a777-b827eb3a81b2
Press Enter to send a new request...  ──── スペースキーを押します
INFO:root:Recording audio request.
INFO:root:Transcript of user request: "今日".
INFO:root:Transcript of user request: "今日の".
INFO:root:Transcript of user request: "今日のて".
INFO:root:Transcript of user request: "今日の天".
INFO:root:Transcript of user request: "今日の天気".          リアルタイムで日本語の入
INFO:root:Transcript of user request: "今日の天気は".          力音声をテキスト化してい
INFO:root:Transcript of user request: "今日の天気を教え".       るのがわかります
INFO:root:Transcript of user request: "今日の天気教えて".
INFO:root:Transcript of user request: "今日の天気教えて".
INFO:root:Transcript of user request: "今日の天気教えて".
INFO:root: End of audio request detected.
INFO:root:Stopping recording.
INFO:root:Transcript of user request: "今日の天気教えて".
INFO:root:Playing assistant response.
WARNING:root:SoundDeviceStream write underflow (size: 4000)
WARNING:root:SoundDeviceStream write underflow (size: 4000)
WARNING:root:SoundDeviceStream write underflow (size: 4000)
WARNING:root:SoundDeviceStream write underflow (size: 4000)
WARNING:root:SoundDeviceStream write underflow (size: 4000)
WARNING:root:SoundDeviceStream write underflow (size: 4000)
INFO:root:Finished playing assistant response.
```

　これで、日本語でGoogle Assistantが利用できるようになりました。

170

Section 5-6 | スマートスピーカーのカスタマイズ

# スマートスピーカーのカスタマイズ

自作したスマートスピーカーが動くようになったら、それをカスタマイズしてみましょう。まず、物理的なボタンを押すことにより、会話を聞き始めるようにします。さらに、独自の音声コマンドを追加する方法も解説します。

## ハードウェアボタンの紐付け

今回解説しているRaspberry Piには、LEDタクトスイッチを付けています。その物理的なボタンをプッシュすることで「Push to Talk」を起動させるようにします。

LEDタクトスイッチの接続は、Section 4-2の「Raspberry Piでスイッチを扱う」を参照してください。LEDがGPIO16番に、スイッチがGPIO20番に接続されています。

Push to Talkプログラムを用意します。gitコマンドで次のようにデータをローカル環境にコピー（同期）します。

●Raspberry Piに接続されたLEDタクトスイッチ

```
$ git clone https://github.com/googlesamples/assistant-sdk-python.git
Cloning into 'assistant-sdk-python'...
remote: Enumerating objects: 2038, done.
remote: Total 2038 (delta 0), reused 0 (delta 0), pack-reused 2038
Receiving objects: 100% (2038/2038), 668.63 KiB | 909.00 KiB/s, done.
Resolving deltas: 100% (1136/1136), done.
```

これによって、ホームディレクトリ内に「assistant-sdk-python」ディレクトリが作成され、中にデータがコピーされます。

次に、mkdirコマンドで、ホームディレクトリ内のProgramsディレクトリ内に「gocglesamples」ディレクトリを作成します。

```
$ mkdir ~/Programs/googlesamples
```

cdコマンドでassistant-sdk-python/google-assistant-sdk/googlesamples/assistant/ディレクトリへ移動します。移動先にある「grpc」ディレクトリを、ホームディレクトリ直下のPrograms/googlesamplesディレクトリにコピーします。

```
$ cd ~/assistant-sdk-python/google-assistant-sdk/googlesamples/assistant/ ⏎
$ cp -r grpc ~/Programs/googlesamples ⏎
```

cdコマンドでコピーしたgrpcディレクトリへ移動し、lsコマンドで中のプログラムを確認してみましょう。

```
$ cd ~/Programs/googlesamples/grpc/ ⏎
$ ls ⏎
README.rst              audio_helpers.py      device_helpers.py    requirements.txt
__init__.py             audiofileinput.py     devicetool.py         textinput.py
assistant_helpers.py    browser_helpers.py    pushtotalk.py
```

## » Button to Talkプログラムの作成

cpコマンドで、サンプルプログラム内の「pushtotalk.py」を「buttontotalk.py」という名前でコピー（複製）します。また必要なライブラリもインストールしておきます。

```
$ cp pushtotalk.py buttontotalk.py ⏎
$ sudo pip install RPi.GPIO ⏎
```

> **NOTE**
>
> **ライブラリがインストール済みの場合**
> 「Requirement already satisfied」等と表示される場合は、既にライブラリはインストール済みです。そのまま作業を進めてください。

コピーしたbuttontotalk.pyプログラムを、viで編集します。

まず、プログラム内の「import」を宣言している部分（25行目前後）に、次の定義を追加します。LEDはGPIO16、ボタンはGPIO20を指定します。

buttontotalk.py

```
（前略）
import time
import uuid

import RPi.GPIO as GPIO       ┐
LED    = 16                   ├ 追記します
BUTTON= 20                    ┘
（後略）
```

次に、320行前後に、GPIOのセットアップを追加します。INPUTとしてBUTTONを、OUTPUTとしてLED
をそれぞれ定義します。

```
（前略）
        $ python -m googlesamples.assistant -i <input file> -o <output file>
        """

    GPIO.setmode(GPIO.BCM)
    GPIO.setwarnings(False)
    GPIO.setup(BUTTON, GPIO.IN, pull_up_down=GPIO.PUD_DOWN)      追記します
    GPIO.setup(LED, GPIO.OUT, initial=GPIO.LOW)
    GPIO.add_event_detect(BUTTON,GPIO.FALLING)


    # Setup logging.
（後略）
```

次のメインプログラム部分（740行付近）に、click.pause()の代わりにボタンと紐付けたGPIO.event_
detected(BUTTON)のロジックを追加します。これにより、ボタンが押されるとLEDが点灯し、Google
Assistantを起動するようになります。ボタンが押されていない時は、LEDが点滅を繰り返します。

```
（前略）
        wait_for_user_trigger = not once
        while True:
            if wait_for_user_trigger:
                #Add button function
                #click.pause(info='Press Enter to send a new request...')
                logging.info("ボタンを押して話しかけて下さい！")
                if GPIO.event_detected(BUTTON):
                    GPIO.output(LED, GPIO.HIGH)
                    pass
                else:                                               追記します
                    GPIO.output(LED, GPIO.HIGH)
                    time.sleep(0.5)
                    GPIO.output(LED, GPIO.LOW)
                    time.sleep(0.5)
                    continue

            continue_conversation = assistant.assist()
            # wait for user trigger if there is no follow-up turn in
            # the conversation.
（後略）
```

編集が完了したら保存して、プログラムを実行しましょう。Python3環境をアクティベイトしてから、python
コマンドでbuttontotalk.pyを実行します。

```
$ source ~/env/bin/activate
(env) $ python buttontotalk.py
INFO:root:Connecting to embeddedassistant.googleapis.com
INFO:root:Using device model raspberryai-rasaiprd and device id

INFO:root:ボタンを押して話しかけて下さい！
INFO:root:ボタンを押して話しかけて下さい！
INFO:root:ボタンを押して話しかけて下さい！
INFO:root:ボタンを押して話しかけて下さい！
INFO:root:ボタンを押して話しかけて下さい！
INFO:root:Recording audio request.
INFO:root:Transcript of user request: "今日".
INFO:root:Transcript of user request: "今日は".
INFO:root:Transcript of user request: "今日は外".
INFO:root:Transcript of user request: "今日は 件".
INFO:root:Transcript of user request: "こんにちは 元気".
INFO:root:Transcript of user request: "今 日は元気で".
INFO:root:Transcript of user request: "今日は元気です".
INFO:root:Transcript of user request: "今日は元気ですか".
INFO:root:Transcript of user request: "今日は元気ですか".
INFO:root:Transcript of user request: "今日は元気ですか".
INFO:root: End of audio request detected. INFO:root:Stopping recording.
INFO:root:Transcript of user request: "こんにちは 元気ですか ".
INFO:root:Playing assistant response.
INFO:root: Finished playing assistant response.
INFO:root:ボタンを押して話しかけて下さい！
```

　プログラムを実行すると、LED付きタクトスイッチのLEDが点滅を始めます。スイッチを押すと、LEDが点灯し、Google Assistantが起動して、音声を聞き始めたことがわかります。以降は通常のGoogle Assistantと同様に質問に答えてくれます。

●ボタン押下によりLEDが点灯しGoogle Assistantが起動する

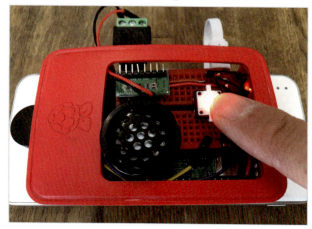

Section ▶ 5-6 ｜ スマートスピーカーのカスタマイズ

## ❯ 独自コマンドTraitsを追加

Google Assistantのカスタマイズ方法として「**Traits**」という追加コマンドの仕組みがあります。Google Assistantを使ったスマートスピーカーでは、通常はGoogleが用意した言葉に反応するだけですが、Traitsを使うと特定の音声コマンドを自分のハードウェアへ紐付けることができます。Traitsに関しては、Section 5-2で有効化しています（p.149を参照）。

ここでは、「OnOff」TraitでRaspberry Pi上のLEDを操作できるようにしてみます。「Turn On」と命令するとLEDが素早く点滅し、「Turn Off」と命令するとLEDが消えるようにカスタマイズします。

先程の「buttontotalk.py」ファイルをviで編集します。@device_handlerの「OnOff」コマンドに次のように追記します。

● 「OnOff」TraitでLEDを制御する

buttontotalk.py

```
@device_handler.command('action.devices.commands.OnOff')
def onoff(on):
    if on:
        logging.info('Turning device on')
        for i in range(5):
            GPIO.output(LED, GPIO.HIGH)
            time.sleep(0.2)
            GPIO.output(LED, GPIO.LOW)
            time.sleep(0.2)
    else:
        logging.info('Turning device off')
        GPIO.output(LED, GPIO.LOW)
```

追記します

ファイルを保存したら、buttontotalk.pyを実行します。スイッチを押してGoogle Assistantを起動します。

```
$ python buttontotalk.py ⏎
INFO:root:Connecting to embeddedassistant.googleapis.com
INFO:root:Using device model raspberryai-rasaiprd and device id

INFO:root:ボタンを押して話しかけて下さい！
INFO:root:ボタンを押して話しかけて下さい！
INFO:root:ボタンを押して話しかけて下さい！
INFO:root:ボタンを押して話しかけて下さい！
INFO:root:Recording audio request.
INFO:root:Transcript of user request: "talk".
INFO:root:Transcript of user request: "turn".
INFO:root:Transcript of user request: "turn on".
INFO:root:Transcript of user request: "turn  on".
INFO:root:Transcript of user request: "turn on".
INFO:root: End of audio request detected.
INFO:root:Stopping recording..
```

```
INFO:root:Transcript of user request: "turn on".
INFO:root:Playing assistant response.
INFO:root:Turning device on
INFO:root:Waiting for device executions to complete.
INFO:root: Finished playing assistant response.
```

> 言葉が認識されて、LEDが素早く点滅しはじめました

　Google Asssistantが立ち上がったら、英語で「Turn On」とマイクに話しかけると、LEDが素早く点滅します。「Turn Off」でLEDが消えます。

●音声でLEDの点滅、消灯を制御できた

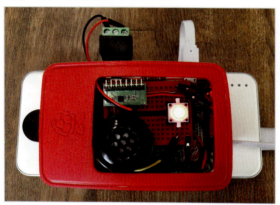 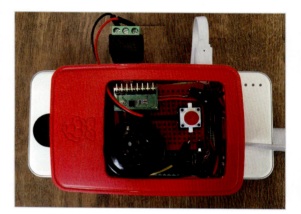

　このように、Google Assistantにはユーザーが特定のコマンドでハードウェアを制御できる仕組みがあります。
　これでRaspberry Piでの最初のAI機能、スマートスピーカーの自作とそのカスタマイズができるようになりました。

# Chapter 6

## 声で操作して、動くロボットを作ろう！

AI工作の次のステップとして、Raspberry Piから声で操作できるロボットを作ります。Chapter 5のGoogle Assistantの仕組みを使って、ロボットが命令を聞いてくれるようにします。またロボットを動かすためにモーターを付けて、カスタムコマンドでGoogle Assistantとハードウェアを紐付けます。「OK Google」から自由自在に動かしたり、お喋りしたりするロボットになりますよ！

Section 6-1 ▶ 音声操作ロボットを作る
Section 6-2 ▶ ロボットを動かすモーターの仕組み
Section 6-3 ▶ 音声とハードウェアの連携
（Google Assistantの拡張機能）
Section 6-4 ▶ キャタピラ付きロボット・ボディを作る
Section 6-5 ▶ 音声で動くロボットの完成

Chapter ▶ 6 ｜ 声で操作して、動くロボットを作ろう！

# Section 6-1　音声操作ロボットを作る

Chapter 6では、声で話しかけて操作する音声対応ロボットを作ります。Google Assistantを使っているので、そのままでも様々な回答をしてくれます。また「こっち来て！」などのカスタムコマンドを追加して、ロボットを動けるようにします。Google Assistantの拡張機能を学ぶことができます。

## ▶ キャタピラ付きロボットの外観と必要部品

ロボットの駆動部分には、市販のモーターキットとキャタピラを使っています。このモーターをRaspberry Piから駆動できるようにします。

またGoogle Assistantの拡張機能を使って、カスタムコマンドからそのモーターを動かせるようにします。

●キャタピラ付きロボットの仮組み

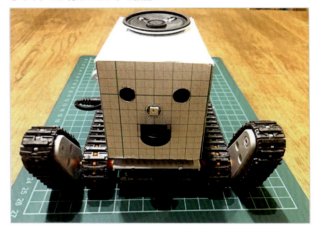

●ロボット内部のRaspberry Pi、ブレッドボード、スピーカーなど

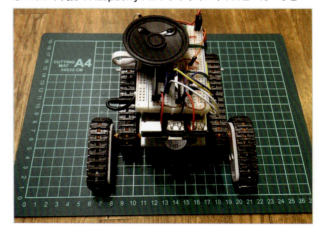

必要な部品は、Chapter 5で使ったRaspberry Piのスピーカーやマイクをベースとして、それにモータードライバ、キャタピラのセットなどを追加しています。

**利用部品**

|  |  |
|---|---|
| 小型スピーカー（ブレッドボード用ダイナミックスピーカー） | 1個 |
| アンプキット（TPA2006 超小型D級アンプキット） | 1個 |
| USBマイク（小型USBマイク） | 1個 |
| ジャンパー線（オス-オス） | 4本 |
| ジャンパー線（オス-メス） | 9本 |
| 導線（ビニール線） | 9本 |
| LED | 2個 |
| タミヤ　アームクローラーセット（FA-130RAモーターセット付き） | 1個 |
| タミヤ　ダブルギヤボックス | 1個 |
| モータードライバ（DRV8835搭載モータードライバ） | 1個 |
| 単三電池 | 3個 |
| 乾電池フォルダー | 1個 |
| モバイルバッテリー | 1個 |
| ロボット外観を作るための画用紙など | |

## ▶ このロボットでできること

Google Assistantの仕組みを使った、お喋り対応ができるAIロボットを作ります。カスタムコマンドを追加して、言葉でロボットを動かしたり、ハードウェアと連携したりすることができるようになります。

このロボットの製作では、次のようなことができるようになります。

- 「OK Google」と話しかけると、スマートスピーカーと同様に様々な事を応えてくれます
- 「こっち動いて」など、独自の命令（カスタムコマンド）で、ロボットを動かすようにできます
- Raspberry Piでのモータードライバやモーターの動かし方を学べます
- Google Assistant APIの拡張機能により、音声とハードウェアの連携方法を理解できます

●音声によるRaspberry Piとハードウェアの連携イメージ図

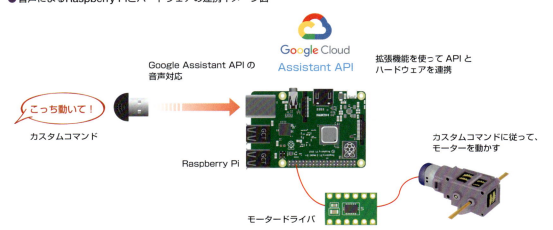

Chapter 6 | 声で操作して、動くロボットを作ろう！

# Section 6-2　ロボットを動かすモーターの仕組み

ロボットを動かすために、DCモーターとギヤボックスを使います。Raspberry Piでモーターを制御する仕組みを理解します。モータードライバを使えば、ロボットを前後、左右に動かし、スピードをコントロールできるようになります。

## ▶ モーターとギヤボックス

ロボットを動かす駆動装置として「**DCモーター**」を使います。DC（直流）モーターは名前の通り、乾電池などの直流電源につなぐだけで軸を回転させられるモーターです。
　市販されているDCモーターには、次のように様々な種類があります。

●市販されているDCモーターの例（http://akizukidenshi.com/catalog/c/cdcmotor/）

●DCモーターのスペック例

|  | RF-300CV | FA-130RA | RE-280RA |
| --- | --- | --- | --- |
| 適正電圧 | 1.2V | 1.5V | 3V |
| 適正電流 | 0.55A | 0.66A | 0.87A |
| トルク | 17g・cm | 26g・cm | 129g・cm |

モーターの回転を効率的に伝え、タイヤなどを使って前進、後進させるために「**ギヤボックス**」を使います。電子工作では次のようなギヤボックスを使うと、手軽に色々なものを動かすことができます。

● TAMIYAギヤボックスの例

低速ギヤボックス
https://www.tamiya.com/japan/products/70189/

ダブルギヤボックス
https://www.tamiya.com/japan/products/70168/

　ギヤボックスは、歯車の組み合わせでギヤ比が決まります。ギヤの比率が小さい（12.7:1など）と回転数が多い（速い）反面、トルク（回す力）は小さくなります。ギヤ比が大きい（344.2:1など）と、回転数は少ない（遅い）一方でトルクが大きくなり、重い車体でも確実に動かせるようになります。動かしたいものに合わせて、スピード重視なのかパワー重視なのかなど、適切なギヤボックスとそのギヤ比を選択する必要があります。

　ギヤボックスには「**ダブルギヤボックス**」という、モーターを2つ装備して、それぞれ独立に動くものもあります。これを使うと、片方のモーターで前転し、もう一方を後転させる事により、車体を回転させることができます。これにより、直進、後進だけでなく、左右に曲がる事もできるようになります。

　本書で作るキャタピラ付きロボットでは、このダブルギヤボックスを使って、ロボットを前後、左右に動かせるようにします。

## ▶ DCモーターの仕組み

　DCモーターの仕組みを理解し、Raspberry Piでどのように動かしていくか解説します。

　モーターの中には回転軸があり、その中心付近に電磁石があります。電磁石に電流を流すことにより、電磁誘導の仕組みを使って磁気をコントロールします。次の図のように、電磁石は電源からの電流の向きにより、磁気がN極になったりS極になったりします。

● 電磁石の仕組み（電磁誘導）

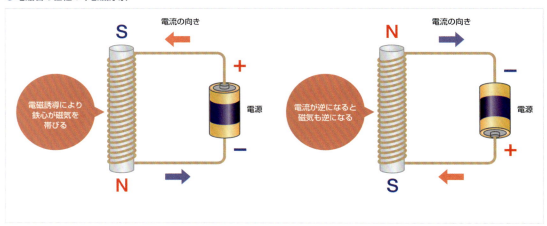

　モーターは、回転軸中心の電磁石が磁気を帯びることにより、周りに配置された永久磁石と反発して、中心軸が回転する仕組みです。電池を反対につないで電流の向きを変えると、電磁石の磁気が逆になり、軸も逆転するようになっています。

## » DCモーターの駆動には大電流が必要

　DCモーターを使うためには、ある程度大きな電流を流す必要があります。例えばマブチモーターのFA-130RAというモーターは適正電圧が1.5Vになっており、電流は600mA以上になります。

● マブチモーター FA-130RA性能表（https://product.mabuchi-motor.co.jp/detail.html?id=9）

| MODEL | | VOLTAGE | | NO LOAD | | AT MAXIMUM EFFICIENCY | | | | |
|---|---|---|---|---|---|---|---|---|---|---|
| | | OPERATING RANGE | NOMINA | SPEED | CURRENT | SPEED | CURRENT | TORQUE | | OUTPUT |
| | | | V | r/min | A | r/min | A | mN·m | g·cm | W |
| FA-130RA | 2270 | 1.5 - 3.0 | 1.5 | 9100 | 0.20 | 6990 | 0.66 | 0.59 | 6.0 | 0.43 |

　Raspberry Piは流せる電流の範囲が決まっており、そのままDCモーターをつなぐと過電流により機器が壊れてしまう可能性があります。
　モーターのような大電流が必要な電子部品を制御するのに「**FET**（**電流効果トランジスタ**）」という仕組みがあります。FETは電流を制御するトランジスタで、これを用いることでRaspberry Piで大電流が必要な機器を制御できます。

Section ▶ 6-2 | ロボットを動かすモーターの仕組み

● Raspberry PiとFET回路

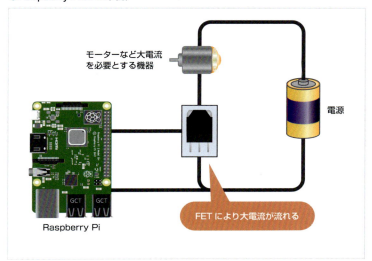

## ▶ モータードライバを使ったDCモーターの制御

　Raspberry PiからDCモーターを制御する際に、モーターの正転や逆転、スピード調整などをする必要があります。それには回路を組み、数多くのFETを使う必要があります。
　このような場合、回路やFETがあらかじめ組み込まれた「**モータードライバ**」を使うと便利です。以下は市販されているモータードライバの例です。

● デュアルモータードライバDRV8835
（https://www.switch-science.com/catalog/1637/）

● BD6211F搭載モータードライバモジュール
（https://www.switch-science.com/catalog/1064/）

183

モータードライバでは、FET回路をH型に組んでおり、内部のスイッチにより電流の方向を変化させることができます。この図では、モータードライバのH型回路上、モーターが正転するように、スイッチを調節しています。反対側のスイッチを接続する事で、モーターを逆転させる事もできます。このように正逆転をコントロールできるものを、フルブリッジドライバと呼びます。

● フルブリッジのモータードライバ説明図

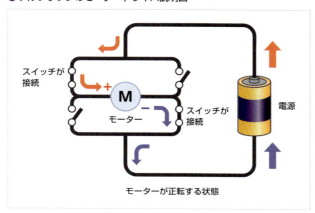

## ▶ Raspberry Piとモータードライバの接続

モータードライバを使って、Raspberry PiからDCモーターを制御してみましょう。
ここでは「DRV8835」というモータードライバを使用したDCモータードライバモジュールを使っています。内部には前述のHブリッジが組まれており、正転、逆転、ブレーキ、空走が可能なフルブリッジ型になっています。また二つのモーターをつなぐことができるデュアル形式になっています。
DRV8835デュアルモータードライバの外観とその端子は次のように定義されています。

● DRV8835 デュアルモータードライバの外観と端子の機能

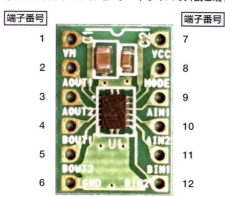

| 端子番号 | 端子名 | 端子の意味 |
|---|---|---|
| 1 | VM | モーター用電源 |
| 2 | AOUT1 | Aモーター出力端子1 |
| 3 | AOUT2 | Aモーター出力端子2 |
| 4 | BOUT1 | Bモーター出力端子1 |
| 5 | BOUT2 | Bモーター出力端子2 |
| 6 | GND | グラウンド（電圧0）端子 |
| 7 | Vcc | ドライバ用電源 |
| 8 | MODE | モード値（0/1） |
| 9 | AIN1 | Aモーター入力端子1 |
| 10 | AIN2 | Aモーター入力端子2 |
| 11 | BIN1 | Bモーター入力端子1 |
| 12 | BIN2 | Bモーター入力端子2 |

それではこのモータードライバを、DCモーターと共にRaspberry Piに接続してみましょう。必要な部品は次のようになっています。

● モーターとモータードライバをRaspberry Piに接続

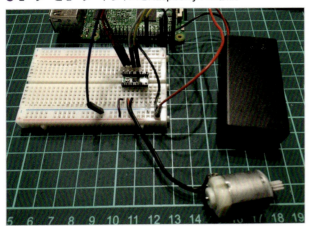

| 利用部品 | |
|---|---|
| ■ DCモーター（FA-130A） | 1個 |
| ■ モータードライバ（DRV8835） | 1個 |
| ■ 単三乾電池（1.5V） | 2個 |
| ■ 電池ホルダー | 1個 |
| ■ ジャンパー線（オスーメス） | 5本 |
| ■ 導線（ビニール線） | 2本 |
| ■ ブレッドボード（30穴） | 1個 |

次の配線図のように、ドライバの出力端子AOUT1、AOUT2とモーターのケーブルをつないでください。モーター用の電源VMは、乾電池からの別電源で供給します。

制御用の入力端子AIN1とAIN2には、Raspberry PiのGPIO14とGPIO23をつないでいます。この入力をそれぞれ変えることでモーターを制御します。「AIN1=HIGH(1)」「AIN2=HIGH(1)」の組み合わせでモーターは正転します。「AIN1=LOW(0)」とするとモーターは逆転します。両方ともLOW(0)にするとモーターは止まります。ドライバ用の電源VccはRaspberry Piの5V電源から取っています。

● モーター、モータードライバ配線図

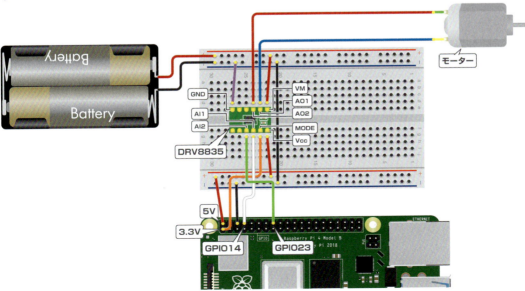

Chapter ▶ 6 │ 声で操作して、動くロボットを作ろう！

● 利用する端子（DRV8835の端子番号はp.184を参照）

| 端子番号 | 端子名 | Raspberry Pi側 |
|---|---|---|
| 1 | VM | モーター用電源（3V）と接続 |
| 2 | AOUT1 | モーターへ接続（出力） |
| 3 | AOUT2 | モーターへ接続（出力） |
| 4 | BOUT1 | - |
| 5 | BOUT2 | - |
| 6 | GND | グラウンド（電圧0）と接続 |
| 7 | Vcc | ドライバ用電源として接続（5V） |
| 8 | MODE | モード値を1（3.3V）に接続 |
| 9 | AIN1 | GPIO14（モーター入力） |
| 10 | AIN2 | GPIO23（モーター入力） |
| 11 | BIN1 | - |
| 12 | BIN2 | - |

## ▶ モーターを動かすプログラム

　Raspberry Piとモーター、モータードライバを接続したら、それを操作するプログラムを作ります。

　次のサンプルプログラムmotor.pyでは、directionとdurationという2つのパラメータでモーターをコントロールしています。directionパラメータが「forward」のとき、AIN1とAIN2を両方ともHIGH(1)にして正転するようにします。directionを「back」にしたときはその逆で、AIN1がLOW(0)、AIN2がHIGH(1)で逆転します。一定時間（duration）モーターを回転させた後、AIN1とAIN2いずれもLOW(0)にしてモーターを止めます。

● モーター駆動サンプルプログラム

motor.py

```python
#!/usr/bin/env python
# -*- coding: utf-8 -*-
import wiringpi as pi
import sys
import time

class DC_Motor_DRV8835:
    def __init__(self, a_phase, a_enbl):    ①
        pi.wiringPiSetupGpio()
        self.a_phase = a_phase               ②
        self.a_enbl = a_enbl                 ③

        pi.pinMode(self.a_phase, pi.OUTPUT)
        pi.pinMode(self.a_enbl, pi.OUTPUT)

    def fwd(self):
        # 回転
```

次ページへ

Section ▶ 6-2 | ロボットを動かすモーターの仕組み

```python
        pi.digitalWrite(self.a_phase, 1)  ④
        pi.digitalWrite(self.a_enbl, 1)  ⑤

    def back(self):
        #回転
        pi.digitalWrite(self.a_phase, 0)  ⑥
        pi.digitalWrite(self.a_enbl, 1)

    def stop(self):
        #ストップ
        pi.digitalWrite(self.a_phase, 0)
        pi.digitalWrite(self.a_enbl, 0)  ⑦

if __name__ == '__main__':

    dcmotor1 = DC_Motor_DRV8835(a_phase=14, a_enbl=23)  ⑧
    duration = sys.argv[2]  ⑨

    if sys.argv[1] in {"stop"}:  ⑩
        dcmotor1.stop()
    elif sys.argv[1] in {"forward"}:  ⑪
        dcmotor1.fwd()
        time.sleep(int(duration))
        dcmotor1.stop()
    elif sys.argv[1] in {"back"}:  ⑫
        dcmotor1.back()
        time.sleep(int(duration))
        dcmotor1.stop()
    else:
        print("Need Argument:forward or back")  ⑬
```

Chapter
**6**

声で操作して、動くロボットを作ろう！

①モーターの初期設定を行うためのinit関数を作ります。

②phase関数を定義します。

③enbl関数を定義します。同様にモーターへの出力をin1(AIN1)、in2(AIN2)と定義します。

④phaseがHIGH(1)のとき、モーターは正転します。

⑤enblがHIGH(1)のとき、モーターが動きます。

⑥phaseがLOW(0)のとき、モーターは逆転します。

⑦enblが0（かつphaseが0）のとき、モーターは停止します。

⑧モーターのphaseとしてGPIO14、enblとしてGPIO23を指定します。

⑨このプログラムの2つ目のパラメータとして、モーター稼働時間（duration）を定義します。

⑩1つ目のパラメータ（direction）がstopのときはモーターを停止します。

⑪directionパラメータがforwardのときはモーターが正転するようにします。モーター稼働時間（秒）後に、モーターが止まるようにします。

⑫directionパラメータがbackのときはモーターが逆転し、稼働時間後にモーターが止まります。

⑬上記以外のパラメータの場合、「forwardやbackなどを指定してください」とメッセージを出します。

187

Chapter ▶ 6 ｜ 声で操作して、動くロボットを作ろう！

　このプログラムを実行して、モーターを制御できるかどうか確かめましょう。次ようにコマンドでmotor.pyプログラムを実行します。1つ目のパラメータ（direction）がモーター回転方向、2つ目（duration）がモーター稼働時間（秒）になっています。directionに"forward"を、durationとしてモーターを3秒間正転させます。

```
$ python motor.py forward 3
```

　directionにbackを指定すると、モーターが逆転します。

```
$ python motor.py back 3
```

●Raspberry Piからモーターを回す

　これでRaspberry Piからモータードライバを使って、モーターを正転、逆転、停止することができるようになりました。

Section 6-3 | 音声とハードウェアの連携（Google Assistantの拡張機能）

# 音声とハードウェアの連携（Google Assistantの拡張機能）

Section 6-3

ロボットを声で操作するために、Chapter 5で解説したGoogle Assistant APIを利用します。さらに、Raspberry Piのハードウェアと連動する拡張機能、カスタムコマンドを追加します。自分独自の命令で、LEDなどのハードウェアを操ることができるようになります。

## ▶ Google Assistantインストール済みのRaspberry Pi

　ロボットの音声操作に、**Google Assistant API**をインストールしたRaspberry Piを使います。Chapter 5を参照して、Google Platformの登録、Assistant APIの設定、SDKのインストールまでを完了しておいてください。

　今回は「OK Google」で動き出す**Hotword**会話機能をメインに使います。まず、そのHotword会話機能が動くかどうか確認します。Google Assistant APIがインストールされているRaspberry Piを用意し、マイク、アンプキット、スピーカーなど、Chapter 5で解説したハードウェアを接続します。ここで必要な部品は、次のとおりです。

● Google Assistant APIインストール済みのRaspberry Piとマイク、アンプキット、スピーカー

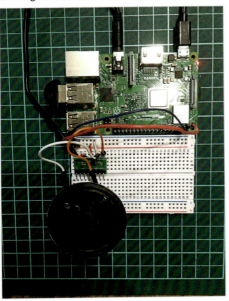

| 利用部品 | |
|---|---|
| ・USBマイク | 1個 |
| ・スピーカー | 1個 |
| ・アンプキット | 1個 |
| ・音声ジャック | 1個 |
| ・ジャンパー線（オス-オス） | 2本 |
| ・ジャンパー線（オス-メス） | 2本 |
| ・導線（ビニール線） | 4本 |
| ・ブレッドボード | 1個 |

Chapter 6 声で操作して、動くロボットを作ろう！

189

Chapter ▶ 6 | 声で操作して、動くロボットを作ろう！

● Raspberry Piとマイク、アンプキット、スピーカーの接続配線図

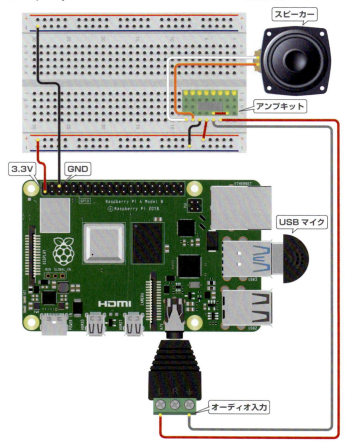

接続が済んだら、音声の入出力ができるかどうかの確認を行います。

まずalsamixerコマンドで音量の調整を行います（p.126参照）。[Esc]キーで元の画面に戻ります。

```
$ alsamixer
```

次にaplayコマンドでスピーカーの確認を行います（p.122参照）。表示されたカード番号を控えておいてください。

```
$ aplay -l
```

Section ▶ 6-3 | 音声とハードウェアの連携（Google Assistantの拡張機能）

arecordコマンドでマイクの確認をします（p.125参照）。同様に、表示されたcard番号を控えておいてください。

```
$ arecord -l 
```

マイクとスピーカーのカード番号を確認したら、実際にマイクとスピーカーが使用できるか確認します。
次のコマンドでは、arecordでCD音質（-f cd）でマイクから入力した音声を、aplayコマンドでスピーカーから再生しています。最初の「Dhw:1」にはarecordで確認したカード番号を、2つ目の「Dhw:0」にはaplayコマンドで確認したカード番号を入れてください。

```
$ arecord -f cd -Dhw:1 | aplay -Dhw:0 
```

次に、Google Assistant APIのうち「OK Google」で始まるHotword機能を使います。Hotwordのプログラムhotword.pyは、ホームディレクトリ内のassistant-sdk-python/google-assistant-sdk/googlesamples/assistant/libraryにあります。
cdコマンドでlibraryディレクトリへ移動します。

```
$ cd ~/assistant-sdk-python/google-assistant-sdk/googlesamples/assistant/library 
```

サンプル・プログラムhotword.pyをホームディレクトリ内のProgramsディレクトリに、hotword_robot.pyという名前でコピーします。

```
$ cp hotword.py ~/Programs/hotword_robot.py 
```

Assistant APIをインストールした時のenv（Python3環境）をアクティベイトして、hotword_robot.pyを実行します。

```
$ source ~/env/bin/activate 
(env) $ python hotword_robot.py 
```

「OK Google」でRaspberry Piがスタンバイになり、音声入力ができるようになります。話しかけた言葉を検知しているでしょうか。天気や経路案内など、色々なことを問いかけてみてください。

● 経路案内を尋ねた時の反応
```
ON_MUTED_CHANGED:
  {"is_muted": false}
ON_MEDIA_STATE_IDLE
ON_START_FINISHED

ON_CONVERSATION_TURN_STARTED
```

Chapter-6 | 声で操作して、動くロボットを作ろう！

```
ON_END_OF_UTTERANCE
ON_RECOGNIZING_SPEECH_FINISHED:
  {"text": "ここから渋谷への行き方を教えて"}
ON_RESPONDING_STARTED:
  {"is_error_response": false}
ON_RESPONDING_FINISHED
ON_CONVERSATION_TURN_FINISHED:
  [{"with_follow_on_turn": false}
```

● 天気を尋ねた時の応答

```
ON_RECOGNIZING_SPEECH_FINISHED:
  {"text": "今日の天気教えて"}
ON RENDER RESPONSE:
  {"text": "改正です", "type": 0}
ON_RENDER_RESPONSE:
{
  "text": "今日の世田谷は予想最高気温32度、最低気温17度で、晴れ時々曇りでしょう。  現在気温30度、晴れです。  \
n---\n (weather.com でもっと見る) ",
  "type": 0
}
ON_RESPONDING_STARTED:
  {"is_error_response": false}
ON_RESPONDING_FINISHED
```

　マイクやスピーカーがうまく動かなかったり、Hotwordでエラーが出る場合などは、Chapter 4の解説をもと
に音声設定などを確認してみてください。
　Google Assistantの動作を確認したら、音声とハードウェアを連動させていきます。


## ▶ Google Assistantの拡張機能

　Google Assistantは、Google Homeのようなスマートスピーカー同様に、様々な会話に対応しています。「今
日の天気は？」「渋谷駅までの行き方」などの問いかけに的確に応じます。もちろん、この問いかけはあらかじめ
Googleが用意したものですが、Google Assistantの拡張機能に、新しい会話内容（**カスタムコマンド**）を追加
することができます。
　ここでは、ロボットのハードウェアを音声で操作できるようにしてみましょう。まず「**Action Package**」と
呼ばれる会話ファイルを作ります。会話の中で、特定の言葉が出てきたら、Raspberry Piからハードウェアを操
作するプログラムを作成できます。
　カスタムコマンドで、Raspberry Piに接続したLEDを操作するプログラムを作成します。例えば「電気を3回
点けて」としゃべりかけると、その回数分だけLEDを光らせます。

192

●Google Assistantのカスタムコマンドイメージ図

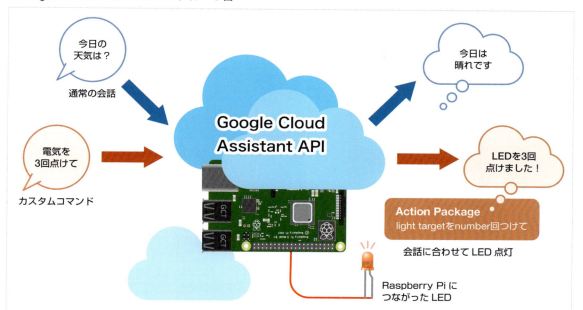

## ▶ Raspberry PiへのLEDの追加

　さきほどのスピーカーに加えて、LEDをRaspberry Piにつないでみましょう。LEDを2つ、Raspberry PiのGPIO16とGPIO20につなぎます。さきほどのスピーカーに、次の部品を追加します。

利用部品

- LED　　　　　　　　　　　　　　　　2個
- ジャンパー線（オス－オス）　　　　　　2本
- ジャンパー線（オス－メス）　　　　　　6本

　実際に配線した写真と、配線図は次ページのとおりです。配線図では、アンプキットの下に導線やジャンパー線の配線があるので、わかりやすくするためアンプキットを半透明にして配線を目立たせています。

Chapter ▶ 6 | 声で操作して、動くロボットを作ろう！

●Raspberry Piに2つのLEDを追加

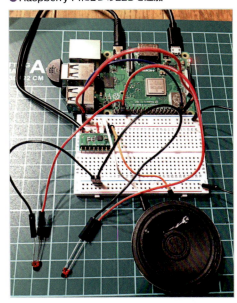

●2つのLEDを追加した接続配線図

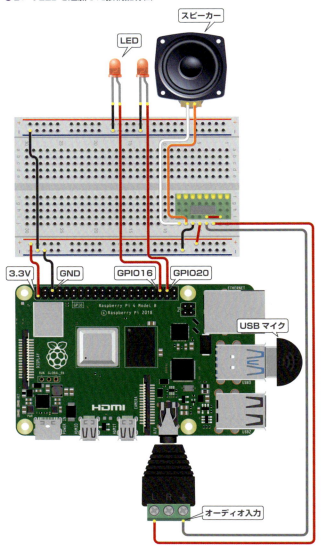

## ▶ Action Packageの作成

**Action Package**とは、特定の会話（言葉）が入力されたときに反応する設定ファイルです。これは、JSON（JavaScript Object Notation）という形式で書かれたテキストファイルになっています。

まず、Google Assistantのデフォルト言語である英語版のAction Packageを作ります。そして日本語でも反応するように、日本語ファイルも作成します。LEDを光らせるAction Packageサンプル設定ファイルの英語版（actions.blink.en.json）と日本語版（actions.blink.ja.json）です。この2つのファイルをテキストエディタで作

Section ▶ 6-3 ｜ 音声とハードウェアの連携（Google Assistantの拡張機能）

成し、リモート作業を行うWIndowsやMacなどのパソコンに保存しておきます。

● 英語版設定ファイル

actions.blink.en.json

```
{
    "locale": "en",  ①
    "manifest": {
      "displayName": "Blink Light",
      "invocationName": "Blink light",
      "category": "PRODUCTIVITY"  ②
    },
    "actions": [
      {
          "name": "com.acme.actions.blink_light",  ③
          "availability": {
              "deviceClasses": [
                  {
                      "assistantSdkDevice": {}
                  }
              ]
          },
          "intent": {  ④
              "name": "com.acme.intents.blink_light",
              "parameters": [
                  {
                      "name": "number",  ⑤
                      "type": "SchemaOrg_Number"
                  },
                  {
                      "name": "light_target",  ⑥
                      "type": "LightType"
                  }
              ],
              "trigger": {  ⑦
                "queryPatterns": [
                    "Blink $LightType:light_target $SchemaOrg_Number:number ⤶
times"  ⑧
                ]
              }
          },
          "fulfillment": {
              "staticFulfillment": {
                  "templatedResponse": {
                      "items": [
                          {
                          "simpleResponse": {
                                  "textToSpeech": "Blink $light_target.raw ⤶
$number times!"  ⑨
                          }
                      },
```

次ページへ

195

```json
                                {
                    "deviceExecution": {
                        "command": "com.acme.commands.blink_light", ⑩
                        "params": {
                            "lightKey": "$light_target", ⑪
                                "number": "$number"
                        }
                    }
                }
            ]
        }
      }
     }
    }
   ],
   "types": [
      {
         "name": "$LightType",
         "entities": [
             {
                "key": "LIGHT", ⑫
                "synonyms": [
                     "LED",
                     "light",
                     "electric"
                ]
             }
         ]
      }
   ]
}
```

①言語設定（locale）として英語（en）を指定します。

②適当なカテゴリーを選びます（PRODUCTIVITYのままで構いません）。

③このパッケージに一意となる名前を付けます。

④ある言葉に反応させるインテント（intent）を定義します。

⑤パラメータとして電気が点灯する回数をnumberとして定義します。

⑥点灯する電気のタイプ（LED、ライトなど）のパラメータを定義します。

⑦このAction Packageでトリガー（triger）となる言葉を定義します。

⑧実際に発せられる言葉の定義です。$LightType、$SchemaOrg_Numberの部分が先ほど定義したパラメータです。

⑨トリガーに反応した時に返す言葉（response）です。

⑩デバイス（Raspberry PI）を実際に動かすコマンドです。

⑪デバイスを動かす際に使うパラメータです。

⑫LightTypeで実際に反応する「LED」「light」などの言葉を列記します。

続いて、日本語版設定ファイルをactions.jblink.ja.jsonとして作成します。英語の設定と違う部分のみ説明を追加しています。

● 日本語設定ファイル

actions.blink.ja.json

```
{
    "locale": "ja",  ①
    "manifest": {
        "displayName": "Blink light",
        "invocationName": "Blink light",
        "category": "PRODUCTIVITY"
    },
    "actions": [
        {
            "name": "com.acme.actions.blink_light",
            "availability": {
                "deviceClasses": [
                    {
                        "assistantSdkDevice": {}
                    }
                ]
            },
            "intent": {
                "name": "com.acme.intents.blink_light",
                "parameters": [
                    {
                        "name": "number",  ②
                        "type": "SchemaOrg_Number"
                    },
                    {
                        "name": "light_target",
                        "type": "LightType"
                    }
                ],
                "trigger": {
                    "queryPatterns": [
                        "$LightType:light_target $SchemaOrg_Number:number 回つけて"  ③
                    ]
                }
            },
            "fulfillment": {
                "staticFulfillment": {
                    "templatedResponse": {
                        "items": [
                            {
                                "simpleResponse": {
                                    "textToSpeech": "$light_target.raw を $number ⏎
回つけますね！"  ④
                                }
                            },
```

次ページへ

```json
                                            {
                                    "deviceExecution": {
                                            "command": "com.acme.commands.blink_light",
                                            "params": {
                                                    "lightKey": "$light_target",
                                                        "number": "$number"
                                            }
                                    }
                            }
                    ]
                }
            }
        }
    }
    ],
    "types": [
        {
            "name": "$LightType",
            "entities": [
                {
                    "key": "LIGHT",
                    "synonyms": [
                            "LED",   ⑤
                            "電器",
                            "電気",
                            "ライト",
                            "電球"
                    ]
                }
            ]
        }
    ]
}
```

①言語設定（locale）として日本語（ja）を指定します。

②電気のタイプ（LightType）、number回数などのパラメータは、英語ファイルと同じで構いません。

③日本語で発せられる言葉を「$LightType:light_target $SchemaOrg_Number:number 回つけて」と定義します。

④返す言葉として「$light_target.raw を $number 回つけますね！」と設定します。

⑤LightTypeとして「LED」「電気」「ライト」など日本語を含めた設定をします。


> ## Actionの登録

　この設定ファイルをGoogleに登録するため、「gactions」という登録ツールをGoogleサイトからダウンロードします。

●gactionsツールのダウンロード（https://developers.google.com/actions/tools/gactions-cli）

　Raspberry Piにリモートログインしているwindowsあるいは Macなどのパソコンを使って、Actionの登録を行います。

　Downloads画面で、手元のコンピュータに合わせたx86_64を選んで、クリックし、ローカルのコンピュータにgactionsツールを保存します。

　また、actions.blink.en.jsonとactions.blink.ja.jsonファイルを、gactionファイルを保存したフォルダに格納しておきます。

●gactionsをダウンロードする

自分のパソコンにあったgactionsをダウンロードします

　gactionsをダウンロードしたら、Windowsであればコマンドプロンプトを、macOSであればターミナルを起動して、cdコマンドでgactionsを保存している場所まで移動します。移動したらgactions initコマンドを実行して、アクション登録の初期化を行います。

```
$ ./gactions init
```

　gactionsに続けて、updateサブコマンドで、先ほど作ったファイルを指定します。--projectオプションで指定するプロジェクト名は、Chapter 5のp.139で登録したプロジェクト名（本書では「raspberryai」）を指定してください。

```
$ ./gactions update --action_package actions.blink.en.json --action_package action
```

```
s.blink.ja.json --project raspberryai
```

　コマンドを実行すると、初期登録としてGoogle Cloudとの認証を促されます。画面にURLが出力されるので、それをコピーします。

●「Visit this URL:」の後の部分をコピーしておきます

```
$ ./gactions update --action_package actions.blink.en.json --action_package actions
.blink.ja.json --project raspberryai
Gactions needs access to your Google account. Please copy & paste the URL below int
o a web browser and follow the instructions there. Then copy and paste the authoriz
atio n code from the browser back here.
Visit this URL: https://accounts.xxxxxxxxxxxxxxxxxxxxxxxxxxxxxxxxxxxxxxxxx
xxxxxxxxxxxxxxxxxxxxxxxxxxxxxxxxxxxxxxxxxxxxxxxxxxxxxxxxxxxxxxxxxxxxxxxxxxxxxx
xxxxxxxxxxxxxxxxxxxxxxxxxxxxxxxxxxxxxxxxxxxxxxxxxxxxxxxxxxxxxxxxxxxxxxxxxxxxxx
xxxxxxxxm%2F auth%2Factions.bui   ──コピーします
Enter authorization code:
```

　コピーしたURLをパソコンのWebブラウザのURL欄に貼り付けると、認証コードが表示されます。そのコードをコピーします。

●上記URLをブラウザに貼り付けて、Googleにログオンします　　●認証が通った後のコードをコピーします

　「Enter authorization code:」と表示された後に、コピーした認証コードをペーストします。

```
Enter authorization code:
xxxxxxxxxxxxxxxxxxxxxxxxxxxxxxx ── 認証コードをペーストします
ZW Your app for the Assistant for project raspberryai was successfully updated with
```

```
your actions. Visit the Actions on Google console to finish registering your app and
subm it it for review at https://console. actions.google.com/project/raspberryai/o
verview
$
```

　updateコマンドでGoogle Cloudへの登録が行われ、それがRaspberry Pi上に保存されて接続ができるようになりました。

　次に、testコマンドで、英語版（actions.blink.en.json）と日本語版（actions.blink.ja.json）のアクション・パッケージをテスト登録します。パッケージ名、プロジェクト名はさきほどと同様です。

```
$ ./gactions test --action_package actions.blink.en.json --action_package actions.
blink.ja.json --project raspberryai
```

　これは1ヶ月間有効のテスト登録なので、1ヶ月おきに登録し直す必要があります。認証が切れたら再度同じ手順で登録してください。次の様なメッセージが表示されたら、カスタムコマンドのパッケージの登録完了です。

●testコマンドでパッケージの登録が完了した
```
$ ./gactions test --action_package actions.blink.en.json -- action_package actions.
blink.ja.json --project raspberryai
Pushing the app for the Assistant for testing...
Your app for the Assistant for project raspberryai is now ready for testing on Acti
on s on Google enabled devices or the Actions Web Simulator at https://console.acti
ons.g oogle.com/project/raspberryai/simulator/
```

## ▶ Hotwordプログラムの変更

　登録したアクションに合わせて、Hotwordプログラムを変更します。さきほどコピー（複製）したhotword_robot.pyプログラムをviで編集します。次の部分を既存ファイルに追記します。

●追加部分

hotword_robot.py

（中略）

次ページへ

Chapter 6 | 声で操作して、動くロボットを作ろう！

（中略）

```python
if event.type == EventType.ON_DEVICE_ACTION:
    for command, params in event.actions:
        print('Do command', command, 'with params', str(params))

        # BlinkLight ここ以下を追加します。
        if command == "com.acme.commands.blink_light": ④
            number = int( params['number'] )
            for i in range(int(number)): ⑤
                print('Device is blinking.')
                GPIO.output(LED1, GPIO.HIGH)
                GPIO.output(LED2, GPIO.HIGH)
                time.sleep(1)
                GPIO.output(LED1, GPIO.LOW)
                GPIO.output(LED2, GPIO.LOW)
                time.sleep(1)
```

追記します

（後略）

①必要なライブラリ（time, GPIO）を追加します。
②接続したLEDのGPIOを指定します。
③LEDを出力（OUT）として定義します。
④ファイル中に定義したパッケージ名を指定します。
⑤「n回点けて」のn回数だけLEDを点灯するようにします。

## ▶ カスタムコマンドの使用

　コードの修正が完了したら、再度Hotwordプログラムを実行してみましょう。「OK Google」と話した後に、「電気を3回つけて」などと話しかけてみましょう。コマンド通り、反応メッセージを読み上げ、LEDが3回点滅したらカスタム会話が機能しています。

```
$ ~source/env/bin/activate ↵
(env) $ python hotword_robot.py ↵
```

●「RESPONSE」に設定したメッセージが表示されたら、カスタムコマンドが正常に機能しています

```
ON_CONVERSATION_TURN_STARTED
ON_END_OF_UTTERANCE
ON_RECOGNIZING_SPEECH_FINISHED
    {"text": " 電気を3回つけて ", }
ON_RENDER_RESPONSE:
    {"text": " 電気を3回つけますね！ ", "type": 0}
O ON_RESPONDING_STARTED:
    {"is_error_response": false}
ON_DEVICE_ACTION:
{
```

```
"inputs": [
  [
    "intent": "action.devices.EXECUTE",
    "payload" : {
      "commands": [
        {
          "devices": [
            {
              "id": "BE808CA809074556BBD4AA99C77FAD69"
            }
          ]
          "execution": [
            {
              "command": "com.acme.commands.blink_light",
              "params" : {
                "lightKey":"LIGHT",
                "number": "3"
```

● カスタムコマンドによりLEDが点灯

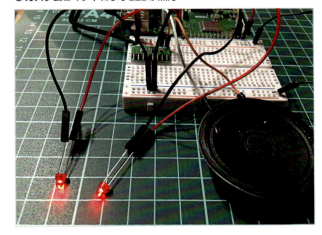

　アクション・パッケージを定義し、それをGoogleに登録することで、カスタムコマンドが認識されるのがわかったと思います。パッケージの中身を色々変えて、他のハードウェアとも紐づけてみてください。
　今後、このカスタムコマンドを使って、ロボットを動かすようにして行きます。

# Section 6-4 キャタピラ付きロボット・ボディを作る

前節までにセットアップしたモーター、LED、スピーカーなどを、動く土台に乗せてキャタピラ付きロボットにします。キャタピラやモーターギヤは、手軽に作れる工作キットを使っています。Raspberry Piからロボットを前後左右に動かすプログラムを作ります。

## ▶ ロボット駆動部分の作成

　ロボットの駆動部分には、手軽なタミヤの工作キットを使っています。これはモーターに変速ギヤを使って、クローラー（履帯）を動かすようにしたものです。その中でも、キャタピラが2セット付いた「アームクローラー工作セット」（https://www.tamiya.com/japan/products/70211/）を使っています。

　この工作キットを組み立てて、キャタピラ及びその土台を作ります。前輪部分がモーターで駆動し、クローラー全体が回るようになっています。

●タミヤ「アームクローラー工作セット」
（https://www.tamiya.com/japan/products/70211/）

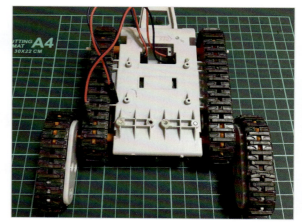

●クローラーキット組み立て後

このクローラーキットには、モーター「FA-130RA」とシングルギヤボックスが付いています。このまま使っても前後には動かせますが、ここでは同じタミヤから発売しているダブルギヤボックスに交換します。左右独立した2つのFA-130RAモーターを使う事により、ロボットを前後左右に動かせるようになります。

● タミヤ「ダブルギヤボックス（左右独立4速タイプ）」( https://tamiya.com/japan/products/70168/ )

　車体裏側にダブルギヤボックスをセットします。2つのモーターにより、左右のキャタピラを独立して動かせるようになります。モーターのケーブルを穴から上部に出すようにしておきます。

● ダブルギヤボックスをセットした様子

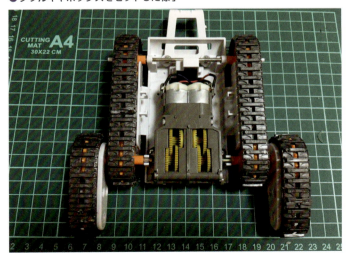

Chapter ▶ 6 ｜ 声で操作して、動くロボットを作ろう！

## ▶ 2つのモーターとモータードライバの接続

　ダブルギヤで2つのモーターを動かすために、DRV8835デュアルモータードライバに接続します。モータードライバの基本的な接続は、Section 6-2で行った方法と同様です。モーターへの電源供給は、乾電池から別電源で行いますが、モーターが2つになったことで単三電池3本の4.5Vを使っています。
　また、必要な部品は次のようになっています。

●モーター2つとモータードライバをRaspberry Piに接続

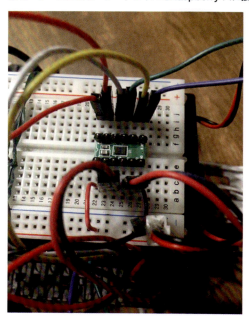

利用部品

|  |  |
|---|---|
| タミヤ　ダブルギヤボックス（DCモーター FA-130 2個付き） | 1個 |
| モータードライバ（DRV8835） | 1個 |
| 単三乾電池 | 3個 |
| 電池ホルダー | 1個 |
| ジャンパー線（オス-メス） | 7本 |
| 導線（ビニール線） | 2本 |
| ブレッドボード（30穴） | 1個 |

　2つのモーター、モータードライバを接続する方法は、次ページの配線図を参照してください。
　ドライバの出力端子AOUT1、AOUT2に1つ目のモーター、BOUT1、BOUT2に2つ目のモーターを接続します。モーター用の電源VMは、単三乾電池3本からの4.5V電源で供給します。制御用の入力端子AIN1とAIN2には、Section 6-2と同様に、Raspberry PiのGPIO14とGPIO23をつないでいます。BIN1、BIN2はGPIO15とGPIO24をつなぎます。

●モータードライバ端子のRaspberry Piへの接続先
　（端子番号はp.184を参照）

| 端子番号 | 端子名 | Raspberry Pi側 |
|---|---|---|
| 1 | VM | モーター用電源（4.5V）と接続 |
| 2 | AOUT1 | モーターへ接続（出力） |
| 3 | AOUT2 | モーターへ接続（出力） |
| 4 | BOUT1 | モーターへ接続（出力） |
| 5 | BOUT2 | モーターへ接続（出力） |
| 6 | GND | グラウンド（電圧0）と接続 |
| 7 | Vcc | ドライバ用電源として接続(5V) |
| 8 | MODE | モード値を1 (3.5V)に接続 |
| 9 | AIN1 | GPIO14（モーター入力） |
| 10 | AIN2 | GPIO23（モーター入力） |
| 11 | BIN1 | GPIO15（モーター入力） |
| 12 | BIN2 | GPIO24（モーター入力） |

配線図では、アンプキットの下に導線やジャンパー線の配線があるので、わかりやすくするためアンプキットを半透明にして配線を目立たせています。

●モーター2つとモータードライバ、アンプ、スピーカー、LED2つなどの接続図

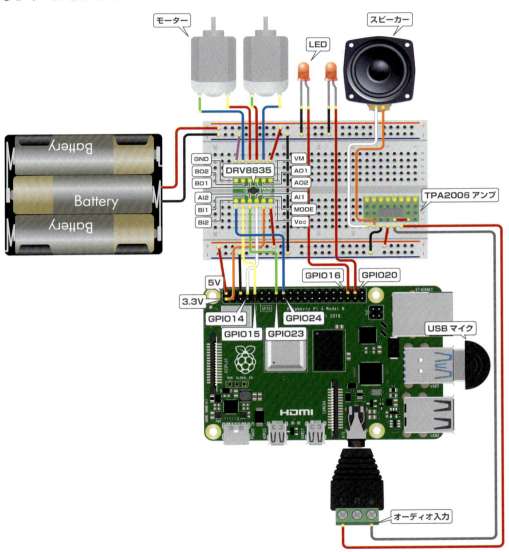

音声の仕組みを使うためのスピーカー、アンプキット、そしてセンサー類も同じフルサイズのブレッドボードにセットしています。配線が多いですが、全てをつなぐと次の写真のような形になります。

●スピーカーアンプキットとともにモータードライバをブレッドボード上で接続

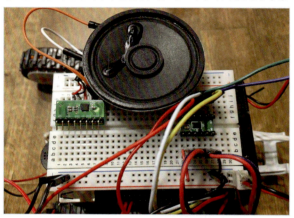

## ▶ ボディ全体の組み上げ

　車体の上にモバイルバッテリー、Raspberry Pi、電池ボックス、ブレッドボードを乗せます。Section 6-3で使ったLEDも2つ付けています。ケーブルがかなり多く邪魔になってしまうので、この後、箱型の装飾を被せてキャタピラと干渉しないようにします。

●Raspberry Piとブレッドボード、バッテリーを車体に乗せて固定

　車体の上の部分全体をおおう、ロボット型の装飾を付けて収納しましょう。画用紙などでロボットのボディを作ります。

Section ▶ 6-4 | キャタピラ付きロボット・ボディを作る

● 画用紙で作ったロボット・ボディ。顔の口の部分にはマイクが収まるようにした

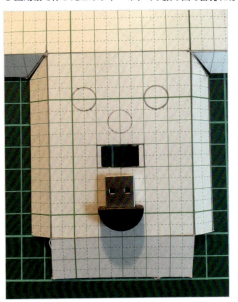 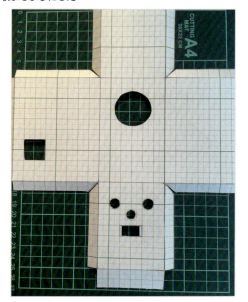

　それではRaspberry Piと配線の上にボディを被せます。マイクは口の部分から、目にはLEDを配置しています。スピーカーは上部に配置して、動くスマートスピーカーのできあがりです。
　完成後の写真は次のようになりました。

● 完成後のキャタピラ付きロボット

209

簡易的ですが、ロボットのようになりました。Section 6-3で使ったLEDプログラムで、目の部分に配置したLEDを光らせることができます。

これはあくまでサンプルです。ボディはもちろん、自分の好きなキャラを配置するなど想像力に任せて作ってくださいね！

●完成後のキャタピラ付きロボット

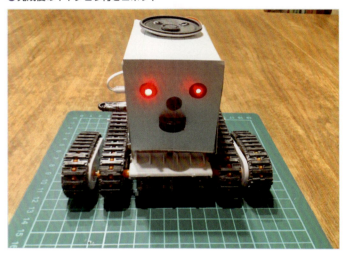

## ▶ ロボットを動かすプログラム

2つのモーターを使って、前後左右に動かすプログラムを作ります。Section 6-2で作ったmotor.pyプログラムを改良し、motor2.pyとします。次に示した部分を追加しています。

Section 6-4 | キャタピラ付きロボット・ボディを作る

●motor2.pyプログラムの説明

motor2.py

```python
#!/usr/bin/env python
# -*- coding: utf-8 -*-
import wiringpi as pi
import sys
import time


class DC_Motor_DRV8835:  ①
    def __init__(self, a_phase, a_enbl):
        pi.wiringPiSetupGpio()
        self.a_phase = a_phase
        self.a_enbl = a_enbl

        pi.pinMode(self.a_phase, pi.OUTPUT)
        pi.pinMode(self.a_enbl, pi.OUTPUT)

    def fwd(self):
        #回転
        pi.digitalWrite(self.a_phase, 1)
        pi.digitalWrite(self.a_enbl, 1)

    def back(self):
        #回転
        pi.digitalWrite(self.a_phase, 0)
        pi.digitalWrite(self.a_enbl, 1)

    def stop(self):
        #ストップ
        pi.digitalWrite(self.a_phase, 0)
        pi.digitalWrite(self.a_enbl, 0)

if __name__ == '__main__':

    dcmotor1 = DC_Motor_DRV8835(a_phase=14, a_enbl=23)
    dcmotor2 = DC_Motor_DRV8835(a_phase=15, a_enbl=24)  ②
    duration = sys.argv[2]

    if sys.argv[1] in {"stop"}:
        dcmotor1.stop()
        dcmotor2.stop()
    elif sys.argv[1] in {"forward"}:
        dcmotor1.fwd()
        dcmotor2.fwd()  ③
        time.sleep(int(duration))
        dcmotor1.stop()
        dcmotor2.stop()
    elif sys.argv[1] in {"back"}:
        dcmotor1.back()
        dcmotor2.back()
```

次ページへ

Chapter 6

声で操作して、動くロボットを作ろう！

211

Chapter 6 | 声で操作して、動くロボットを作ろう！

```python
        time.sleep(int(duration))
        dcmotor1.stop()
        dcmotor2.stop()
    elif sys.argv[1] in {"left"}: ④
        dcmotor1.fwd()
        dcmotor2.back()
        time.sleep(int(duration))
        dcmotor1.stop()
        dcmotor2.stop()
    elif sys.argv[1] in {"right"}:
        dcmotor1.back()
        dcmotor2.fwd()
        time.sleep(int(duration))
        dcmotor1.stop()
        dcmotor2.stop()

    else:
        print("Need Argument:forward, right, left, back or stop")
```

①DC_Motor_DRV8835クラスは、モーターの数によらずSection 6-2のプログラムと同様です。

②mainプログラムの中に、2つ目のモーターの接続情報を追加します。phaseとしてGPIO15、enblとしてGPIO24を指定しています。

③forwardであれば、dcmotor2もfwdの動きにして追加します。backでは逆の動きになります。

④forward、back以外にleftとrightを追加して、motor1とmotor2はそれぞれ逆の動きをさせます。

　それでは、単体でmotor2.pyプログラムを流してみます。パラメータとして、motor2.pyの後にdirection（forward、back、left、right）とduration（継続時間）を指定します。

```
$ python motor2.py forward 3 ⏎ ── forward前進です
$ python motor2.py right 3 ⏎ ── right右折です
$ python motor2.py left 3 ⏎ ── left左折です
$ python motor2.py back 3 ⏎ ── back後退です
```

212

Section ▶ 6-4 | キャタピラ付きロボット・ボディを作る

●forwardコマンドで前進

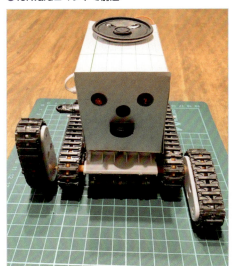

●rightやleftコマンドで左右に動きます

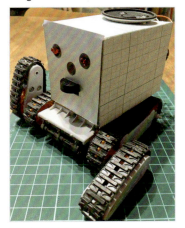

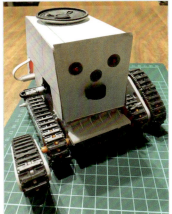

Chapter 6 声で操作して、動くロボットを作ろう！

213

Chapter ▶ 6 | 声で操作して、動くロボットを作ろう！

---

Section 6-5 ▶ **音声で動くロボットの完成**

ロボットのハードウェアとプログラムで制御する仕組みまで作成できました。最後に、音声とロボットを組み合わせて、音で制御するロボットにしましょう。Raspberry Piを起動すると自動的にプログラムが起動して、音声（コマンド）を聞き始めます。

## ▶ カスタムコマンドの登録

モーターが動くようになったので、Google Assistant拡張機能のカスタムコマンドとして登録します。「前に動いて！」、「右に動いて！」などと呼びかけると、それに応じてモーターを作動させます。

そのために、モーター用のAction Packageを用意します。英語での呼びかけをデフォルトとして、日本語のパッケージファイルも作ります。

英語のモーター Action Packageは次のようになっています。

● 英語用ファイル

actions.motor.en.json

```
{
    "locale": "en",
    "manifest": {
    "displayName": "Move Motor",
    "invocationName": "move motor",
    "category": "PRODUCTIVITY"
    },
    "actions": [
    {
    "name": "com.acme.actions.motor",
    "availability": {
        "deviceClasses": [
        {
        "assistantSdkDevice": {}
        }
        ]
    },
    "intent": {
        "name": "com.acme.intents.motor",
        "parameters": [
        {
        "name": "number",
        "type": "SchemaOrg_Number"
        },
        {
        "name": "direction_target",  ①
```

次ページへ

214

Section ▶ 6-5 | 音声で動くロボットの完成

```
      "type": "DirectionType"
      }
    ],
    "trigger": {
    "queryPatterns": [
    "Move $DirectionType:direction_target" ②
    ]
    }
  },
  "fulfillment": {
      "staticFulfillment": {
      "templatedResponse": {
      "items": [
          {
          "simpleResponse": {
          "textToSpeech": "Moving to $direction_target.raw" ③
          }
        },
        {
        "deviceExecution": {
            "command": "com.acme.commands.motor",
            "params": {
             "lightKey": "$direction_target.raw", ④
            "number": "$number"
            }
          }
          }
      ]
      }
  }
  }
],
"types": [
{
 "name": "$DirectionType",
 "entities": [
      {
      "key": "DIRECTION",
      "synonyms": [
      "forward", ⑤
      "backward",
      "right",
      "left" ,
      "here"
      ]
    }
    ]
  }
  ]
}
```

215

**Chapter ▶ 6** ｜声で操作して、動くロボットを作ろう！

① モーターで進む方向を示すdirection_targetパラメータを定義します。

② Google Assistantで反応するカスタムコマンドの設定です。英語で "Move Forward!" などの命令を定義します。

③ カスタムコマンドが起動された時の返答の文言を定義します。

④ コマンドで受けたパラメータを格納します。

⑤ directionパラメータの実際の文言を定義します。


同様に日本語でのAction Packageも作成します。


● **日本語用ファイル**

actions.motor.ja.json

```
{
    "locale": "ja",
    "manifest": {
    "displayName": "モーター",
    "invocationName": "move motor",
    "category": "PRODUCTIVITY"
    },
    "actions": [
    {
    "name": "com.acme.actions.motor",
    "availability": {
        "deviceClasses": [
        {
        "assistantSdkDevice": {}
        }
        ]
    },
    "intent": {
        "name": "com.acme.intents.motor",
        "parameters": [
        {
        "name": "number",
        "type": "SchemaOrg_Number"
        },
        {
        "name": "direction_target",
        "type": "DirectionType"
        }
        ],
        "trigger": {
        "queryPatterns": [
        "$DirectionType:direction_target 動いて"  ①
        ]
        }
    },
```

次ページへ

216

Section ▶ 6-5 | 音声で動くロボットの完成

```
"fulfillment": {
    "staticFulfillment": {
    "templatedResponse": {
    "items": [
        {
        "simpleResponse": {
        "textToSpeech": "$direction_target.raw に動きます！"  ②
        }
        },
        {
        "deviceExecution": {
            "command": "com.acme.commands.motor",
            "params": {
             "lightKey": "$direction_target.raw",
             "number": "$number"
            }
        }
        }
    ]
    }
    }
}
],
"types": [
{
    "name": "$DirectionType",
    "entities": [
        {
        "key": "DIRECTION",
        "synonyms": [
        "前",  ③
        "後",
        "後ろ",
        "右",
        "左",
        "こっち",
        "あっち"
        ]
    }
    ]
}
]
}
```

① 日本語で「前に動いて！」、「右に動いて！」などを起動ワードとします。

② カスタムコマンドが起動された時に、日本語で「前に動きます！」などと返答するようにします。

③ 「前」、「右」などを動く方向として認識するよう定義します。

217

Chapter ▶ 6 │ 声で操作して、動くロボットを作ろう！

　このAction packageを、gactionsツールで登録します。Section 6-4で登録したactions.blinkも再度読み込ませます。プロジェクト名部分（本書では「raspberryai」）は自分のプロジェクト名を指定してください。

```
$ ./gactions test --action_package actions.blink.en.json --action_package actions.b
link.ja.json --action_package actions.motor.en.json --action_package actions.motor
.ja.json --project raspberryai ⏎
```

## ▶ Hotwordプログラムへの追加

　モーターを動かすAction Packageが登録できました。これらをHotwordプログラムと連動させましょう。次のプログラムの囲み部分が、hotword_robot.pyプログラムに追加で記述するコマンドです。

● hotword_robot.py 追加部分

hotword_robot.py
```
（前略）
import os   ①
import re   ┐
         └── 追記します

（中略）
...

    if event.type == EventType.ON_DEVICE_ACTION:
        for command, params in event.actions:
            print('Do command', command, 'with params', str(params))

...
                                                        追記します
    # motorコマンドとして、以下を追加します。
    if command == "com.acme.commands.motor":   ②
        direction = params['directionKey']
        print(direction)
        d = {"前":"forward", "後":"back", "右":"right", "左":"left"}   ③
        for k,v in d.items():
            if re.match(k, direction):   ④
                direct_command = v
                break
            else:
                direct_command = "f"

        print('Robot is moving '+direct_command+'ward!')
        GPIO.output(LED1, GPIO.HIGH)   ⑤
        GPIO.output(LED2, GPIO.HIGH)
        os.system('python motor2.py '+direct_command+' 100 3')   ⑥
        GPIO.output(LED1, GPIO.LOW)
        GPIO.output(LED2, GPIO.LOW)
（後略）
```

218

Section ▶ 6-5 │ 音声で動くロボットの完成

① 必要なライブラリ（os, re）を追加します。

② モーターのコマンド（com.acme.commands.motor）があった場合、実行されるプログラムを記述します。

③ パラメータとその言葉のセットをあらかじめ定義しておきます。

④ 発話した方向（direction）の値と一致したら、"forward"（前進）、"right"（右折）、"left"（左折）、"back"（バック）とします。

⑤ LEDを光らせるようにします。

⑥ モータープログラムを、受け取ったパラメータに基づいて実行します。

Raspberry PiのGPIO16と20にLEDを接続して、次の3回LEDが点滅するプログラムを作っておきます。

● 3回LEDが点滅するプログラム

```python
# -*- coding: utf-8 -*-
import time
import RPi.GPIO as GPIO

LED1    = 16
LED2    = 20

GPIO.setmode(GPIO.BCM)
GPIO.setup(LED1, GPIO.OUT)
GPIO.setup(LED2, GPIO.OUT)

for i in range(3):
    GPIO.output(LED1, GPIO.HIGH)
    GPIO.output(LED2, GPIO.HIGH)
    time.sleep(0.5)
    print("LED ON!")
    GPIO.output(LED1, GPIO.LOW)
    GPIO.output(LED2, GPIO.LOW)
    time.sleep(0.5)
```

led3.py

## ▶ 自動起動の設定

　カスタムコマンドの設定が完了し、これで「OK Goolge」などのHotwordで、ロボットを操作することができるようになりました。最後に、Raspberry Piが起動すると自動的にこのHotwordプログラムが動くようにします。

　次のようなシェルスクリプトファイルを作成します。このシェルスクリプトでは、Python3環境をアクティベイトし、Hotwordプログラムを実行する内容が記述されています。

Chapter 6

声で操作して、動くロボットを作ろう！

Chapter ▶6 | 声で操作して、動くロボットを作ろう！

● 自動起動するシェルスクリプト

hotword_robot.sh

```bash
#!/bin/bash --rcfile
source /home/pi/env/bin/activate
cd /home/pi/Programs
echo "Google Hotword Robot is running!"
python led3.py
python hotword_robot.py
```

このシェルスクリプトを実行してみます。

```
$ bash ./hotword_robot.sh ⏎
```

「OK Google」に続いて、「前に動いて！」などと指示すると、次のように反応があるはずです。Action Packageで登録したように「"text":"前 に動きます！"」が返ってきます。「direction key」のところに、「前」というパラメータもちゃんと認識されています。

● 「OK Google」で命令を受け付けるようになった

```
ON_CONVERSATION_TURN_STARTED
ON_END_OF_UTTERANCE
ON_RECOGNIZING_SPEECH_FINISHED:
    {"text": "前に動いて"}
ON_RENDER_RESPONSE:
    {"text": "前に動きます！","type": 0}
ON_RESPONDING_STARTED:
    {"is_error response": false}
ON_RESPONDING_FINISHED
ON_DEVICE_ACTION:
{
    "inputs": [
        {
            "intent": "action.devices. EXECUTE",
            "payload": {
                "commands": [
                    {
                        "devices": [
                            {
                                "id": "BE808CA809C74556BBD4AA99C77FAD69"
                            }
                        ],
                        "execution": [
                            {
                                "command": "com.acme.commands.motor",
                                "params" : {
                                "directionKey": "前",
                                "number": ""
                            }
```

220

Section ▶ 6-5 | 音声で動くロボットの完成

　このシェルスクリプトファイルが、Raspberry Pi起動時に自動的に立ち上がるように、サービスの設定を行います。自動起動設定として次のファイル（hotword_robot.service）を作成します。

● 自動起動設定ファイル

hotword_robot.service

```
Description=Hotword Robot
[Service]
ExecStart=/bin/bash /home/pi/Programs/hotword_robot.sh
WorkingDirectory=/home/pi/Programs/
Restart=always
User=pi
[Install]
WantedBy=multi-user.target
```

　作成したhotword_robot.serviceファイルを/etc/systemd/system/にコピーします。/etcディレクトリへのファイルのコピーには管理者権限が必要なので、sudoを付けて実行します。

```
$ sudo cp hotword_robot.service /etc/systemd/system/ ⏎
```

　コピーしたら、systmctlコマンドで登録します。systmctlコマンドの実行にも管理者権限が必要です。「systemctl enable」でサービスを有効化し、「systemctl start」でサービスを開始します。「systemctl status」コマンドでステータスを確認できるので、activeとなっていたら自動登録完了です。

```
$ sudo systemctl enable hotwordrobot.service ⏎
$ sudo systemctl start hotwordrobot.service ⏎
$ sudo systemctl status hotwordrobot.service ⏎
```

● サービスのステータス確認画面

```
$ sudo systemctl enable hotwordrobot.service ⏎
Created symlink /etc/systemd/system/multi-user.target.wants/hotwordrobot. service
→ /etc/systemd/system/hotwordrobot.service.
$ sudo systemctl start hotwordrobot.service ⏎
$ sudo systemctl status hotwordrobot.service ⏎
• hotwordrobot.service
   Loaded: loaded (/etc/systemd/system/hotwordrobot.service; enabled; ven
   Active: active (running) since Sat 2019-06-22 17:51:04 JST; 8s ago
Main PID: 1199 (bash)
   CGroup: /system.slice/hotwordrobot.service
           ├1199 /bin/bash /home/pi/Programs/hotwordrobot.sh
           └1200 python hotword_motor_robot.py

6月  22 17:51:04 raspberryai systemd[1]: Started hotwordrobot.service.
6月  22 17:51:04 raspberryai bash[1199]: Google Hotword Robot is runnin
```

Chapter

6

声で操作して、動くロボットを作ろう！

221

Chapter 6 | 声で操作して、動くロボットを作ろう！

## ▶ 使ってみよう！

　Raspberry Piを再起動して、自動でhotword_robotが立ち上がるか確認しましょう。再起動後、LEDボタンが3回点滅したらHotwordプログラムが立ち上がっています。

　通常のGoogle Assistantのように「面白い話をして」や「渋谷から赤坂への行き方」など普通に話しかけてみてください。また、設定したカスタムコマンド「前に動いて！」などと話しかけてみてください。ロボットが前後、左右に動いてくれると思います。

●Raspberry Piの電源を入れると、LEDが光って作動したのを知らせます

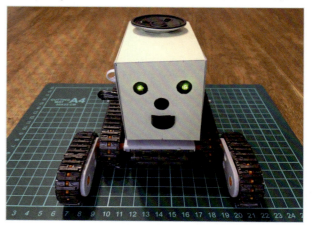

●LEDが光りながら前後左右に動きます

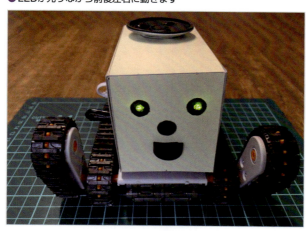

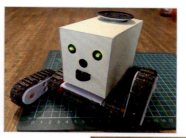

　Google Assistantの会話機能を拡張して、自分独自のカスタムコマンドを使えるようにしました。ボディをロボットのように作って、声で前後左右にロボットを動かせるようにしました。
　カスタムコマンドでは、Raspberry Piにつないだ様々なハードウェアと連携できますので、用途に応じてセンサーやモーターなどを追加してみてください。

# Chapter 7

## 自動議事録機を作ろう！

AI技術によって会話を文字に起こしたり、人間のように発話する人工音声が可能になってきました。その文字起こしや発話機能を利用して、会議などで会話を聞き取り、それを自動的に議事録する装置を作ります。

Section 7-1 ▶ 自動議事録機を作る
Section 7-2 ▶ 発話文字起こし「Speech to Text（STT）」の設定
Section 7-3 ▶ 人工音声「Text to Speech（TTS）」の設定
Section 7-4 ▶ 議事録の自動作成とメール送信
Section 7-5 ▶ 自動議事録機デバイスの作成

# Chapter 7 | 自動議事録機を作ろう！

## Section 7-1 ▶ 自動議事録機を作る

Raspberry PiにGoogle Cloud Speech、Text-to-Speechなどをインストールし、自動で議事録を作成するようにします。STT（Speech to Text）やTTS（Text to Speech）の利用方法などを作りながら学んでいきましょう。

### ▶ 自動議事録機の外観と利用する部品

　ここで作成する自動議事録機は、会議室の机の上に置いて、スピーカーシステムのように使います。会議が始まる際にボタンを押すと、音声入力を開始します。会話を読み上げたり、翻訳もしてくれるデバイスです。

●議事録機の外観

●議事録機の内部

●発話に反応してLEDが光ります

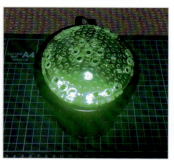

　自動議事録機には、これまで解説してきた音声デバイスと同様、Raspberry Pi本体にスピーカーやマイクを接続します。マイクは、会議中の多方面からの音声を拾う必要があるため、複数のマイクが付いた「**ReSpeaker**」という機器を使っています。外観は、プラスチックのケースなどを流用して、スマートスピーカーのような形になっています。ミーティングルームなどに置いても違和感のないように作ってみてください。

**Section ▶ 7-1** | 自動議事録機を作る

**利用部品**

- 小型スピーカー
  （ブレッドボード用ダイナミックスピーカー）·············· 1個
- アンプキット（TPA2006 超小型D級アンプキット）·· 1個
- ReSpeakerマイク ·················································· 1個
- ジャンパー線（オス−オス）······································ 2個
- ジャンパー線（オス−メス）······································ 4個
- モバイルバッテリー ················································· 1個
- デバイスの筐体など

## ▶ 自動議事録機でできること

このデバイスは、自動で会話を記録して議事録を作成してくれる機械です。
このデバイスでは、AI技術を使って次のような機能を実現します。

● **会議などで「今日の進捗は？」のように、参加者が話した内容を文字起こしします**
● **音声をそのまま読み上げ、テキスト表示などして確認できます**
● **記録したテキストを議事録のフォーマットなどにして、メールでシェアできます**

このデバイスを作りながら、音声、言語に関する次のようなAI技術を学ぶ事ができます。

● **発話文字起こし、音声を言葉に変換する「Speech to Text（STT）」**
● **返答を人工音声合成でしゃべる「Text to Speech（TTS）」**
● **発話内容をメールなどに自動送信**
● **Google Cloud Speech、Text-to-Speechなどの使用**

Chapter
**7**

自動議事録機を作ろう！

225

Chapter 7 | 自動議事録機を作ろう！

●音声、言語に関するAI機能説明

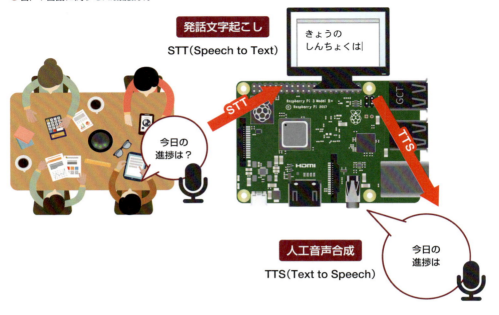

●テーブルの上においた自動議事録機

●ミーティングなどで使用します

それでは、自動議事録機を作成していきましょう。

Section 7-2 | 発話文字起こし「Speech to Text (STT)」の設定

# Section 7-2 発話文字起こし「Speech to Text (STT)」の設定

「会話を聞いて議事録を作成する」という一連の動作の中で、まず、音声をテキストに変換する「Speech to Text（STT）」を実現しましょう。GoogleのCloud Speechの仕組みを使って、リアルタイム文字起こしを行います。

## ▶ Google Cloud Speechの使用

　Googleが提供するAIのAPIの中に「**Cloud Speech-to-Text**」があります。これは、音声を聞き取って、テキスト文字にするサービスです。

　Cloud Speechは有料サービスですが、会話時間が月60分までは無料で使えます。60分を超過すると、以降1分数円程度の費用が必要です。今回は、この無料枠の中でプロトタイプを作っていきたいと思います。実際のビジネスなどで使う場合は、費用と共にセキュリティなども含め検討してみてください。

● Cloud Speech-to-Textの説明画面（https://cloud.google.com/speech-to-text/）

Cloud SpeechをRaspberry Piにインストールします。次のCloud Speechのクイックスタートページ（https://cloud.google.com/speech-to-text/docs/quickstart-client-libraries?hl=ja）から、クライアントライブラリの導入を進めていきます。

●Cloud Speech インストールのページ
https://cloud.google.com/speech-to-text/docs/quickstart-client-libraries?hl=ja

インストールのステップは次のとおりです。

1. Google Cloud Consoleでプロジェクトをセットアップする
2. Google Applicationの認証ファイルを取得する
3. Cloud SpeechのSDKをRaspberry Piにインストールする

## Cloud Speechの有効化

　Google Cloud Console（https://console.cloud.google.com）で、プロジェクトを選択します。本書では、これまでも使用してきた「RaspberryAi」プロジェクトを引き続き使っています。自分が作成したプロジェクトで読み進めてください。

　プロジェクトを選択したら「Cloud Speech-to-Text API」を検索します。ページの中の「有効にする」ボタンをクリックします。これで、このプロジェクトでCloud Speechが有効化されます。

●Cloud Speechを有効化する

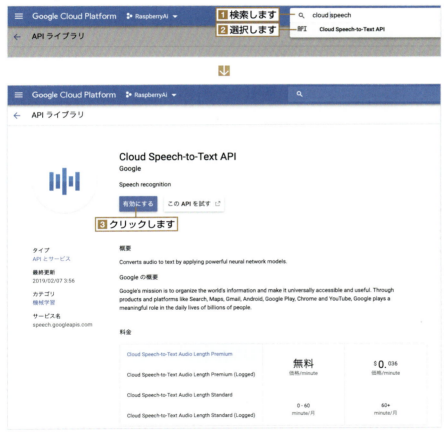

## ▶ 認証情報（サービスアカウントキー）の生成

Google Cloud Console 上で認証情報のページ（https://console.cloud.google.com/apis/credentials?hl=ja）に移動します。「認証情報を作成」メニューから、サービスアカウントキーを選びます。

「サービス アカウント キーの作成」画面で、任意のアカウント名、アカウントIDなどを入力します。本書の例では次のように設定しました。情報を入力したら「作成」ボタンをクリックします。

●認証情報画面（https://console.cloud.google.com/apis/credentials?hl=ja）

| サービスアカウント名 | : cloudspeech |
| 役割 | : オーナー（選択） |
| アカウントID | : cloudspeech@raspberryai.iam.gserviceaccount.com |
| キーのタイプ | : JSON（選択） |

●サービスアカウントキーを作成する

「秘密鍵がパソコンに保存されました」とメッセージが表示され、ダウンロードフォルダに「.json」形式の認証ファイルが保存されます。

● 秘密鍵ファイルがダウンロードされた

パソコン上でダウンロードした認証ファイルを、Raspberry Piへ転送してください。

Raspberry Piへログインして、lsコマンドで転送した認証ファイルを確認します（次の例は、ユーザーのホームディレクトリに転送した場合）。

exportコマンドで、認証ファイルを環境変数として読み込ませます。なお、exportコマンドで読み込ませた環境変数は、現在のログインでのみ有効です。ログアウトしたり、Raspberry Piを再起動した場合などは、再度exportコマンドでファイルを読み込ませる必要があります。

```
$ export GOOGLE_APPLICATION_CREDENTIALS=/home/pi/xxx.json
```

これでGoogle認証設定とRaspberry Piが紐付けできました。

Chapter 7 | 自動議事録機を作ろう！

## Cloud Speechのインストールとサンプルプログラム

Raspberry Piに「**google-cloud-speech**」というクライアントライブラリをインストールします。

まず、**Github**からGoogleのPythonサンプルプログラムをダウンロードします。このプログラム群にはGoogleの様々なAPIを呼び出すサンプルが入っています。ここでは、Cloud Speechを使うためにspeechフォルダ以下のプログラムを使っていきます。

cdコマンドでユーザーのホームディレクトリ内のProgramsディレクトリへ移動して、gitコマンドでGoogleのPythonサンプルプログラムをダウンロードします。

```
$ cd ~/Programs ⏎
$ git clone https://github.com/GoogleCloudPlatform/python-docs-samples.git ⏎
Cloning into 'python-docs-samples'...
remote: Enumerating objects: 54, done.
remote: Counting objects: 100% (54/54), done.
remote: Compressing objects: 100% (44/44), done.
remote: Total 23206 (delta 11), reused 39 (delta 5), pack-reused 23152
Receiving objects: 100% (23206/23206), 33.39 MiB | 804.00 KiB/s, done.
Resolving deltas: 100% (12185/12185), done.
Checking out files: 100% (1928/1928), done.
```

これらのAPIはPython3系のライブラリを使います。Chapter 5（Section 5-3）でPython3環境を用意していない場合は、ここでセットアップしてください（すでに用意している場合は不要です）。

「source ~/env/bin/activate」でPython3系のenv環境をアクティベイトすると、コマンドプロンプトの行頭に「(env)」と表示されます。

```
$ sudo apt install python3-dev python3-venv ⏎
$ python3 -m venv env ⏎
$ env/bin/python -m pip install --upgrade pip setuptools wheel ⏎
$ source ~/env/bin/activate ⏎
```

gitコマンドを実行した後、python-docs-samplesのspeechディレクトリ内のmicrophoneディレクトリに移動します。ここには、Cloud Speechのマイクを使ってリアルタイムに音声を聞き取り、テキスト化するプログラムが入っています。requirementsファイルを読み込んで、必要ライブラリをインストールします。

```
(env) $ cd python-docs-samples/speech/microphone/ ⏎
(env) $ pip install -r requirements.txt ⏎
```

requirementsファイルの読み込みが終わったら、Cloud Speechのインストールが完了しています。確認のために、microphoneディレクトリ内にあるリアルタイム文字起こしのプログラム（transcribe_streaming_mic.py）を実行します。

232

Section ▶ 7-2 ┃ 発話文字起こし「Speech to Text（STT）」の設定

```
(env) $ python transcribe_streaming_mic.py ⏎
```

このプログラムの初期設定は英語であるため、英語で話しかけてみましょう。英語で「how are you」や「thanks」などと話しかけると、リアルタイムでそれをテキストにして表示します。

```
（前略）
ALSA lib conf.c:4996: (snd_config_expand) Args evaluate error: No such file or direct
ory
ALSA lib pcm.c:2495: (snd_pcm_open_noupdate) Unknown PCM bluealsa
connect(2) call to /tmp/jack-1000/default/jack_0 failed (err=No such file or directo
ry) attempt to connect to server failed
hello
 how are you
 good thanks
 quit
Exiting..
```

動作を確認したら、プログラムを終了します。「exit」や「quit」と言うと、聞き取りプログラムが終了します。

## ▶ 日本語での文字起こし

サンプルプログラムのデフォルト言語は英語だったので、日本語を聞き取れるようにプログラムを改変します。cpコマンドでサンプルプログラムをコピーして、streaming_jp.pyとして複製します。言語設定（language_code）と、プログラムを終了するキーワードを変更します。

```
$ cp transcribe_streaming_mic.py streaming_jp.py ⏎
$ vi streaming_jp.py ⏎
```

158行目付近にあるlisten_print_loop内の「if re.search(r'\b(exit|quit)\b', transcript, re.l):」に、日本語での終了キーワード（「終了」「終わり」「おわり」「さようなら」「バイバイ」など）を追加します。

165行目付近にあるmain()プログラム内の「language_code =」の設定を、「en-US」から「ja-JP」に変更します。

Chapter 7 | 自動議事録機を作ろう！

● 文字起こしプログラムの日本語対応

streaming_jp.py

```
（前略）
        else:
            print(transcript + overwrite_chars)

            # Exit recognition if any of the transcribed phrases could be
            # one of our keywords.
            if re.search(r'\b(exit|quit|終了|終わり|おわり|さようなら|バイバイ)\b',↩
transcript, re.I):①
                print('Exiting..')
                break

            num_chars_printed = 0


def main():
    # See http://g.co/cloud/speech/docs/languages
    # for a list of supported languages.
    language_code = 'ja-JP'  # en-US②
（後略）
```

追記します

修正します

### listen_print_loop内の修正
①終了ワード（Exit Keywords）に日本語の「さようなら」などを追加します。

### main()プログラム内
②デフォルトのen-USから日本語コードのja-JPに変更します。

それでは修正後のプログラムを流してみます。今度は日本語で話しかけることができます。

```
(env) $ python streaming_jp.py ↵
（中略）
You：こんにちは元気ですか
You：次 の 予 定 は何ですか
You：いいです
You：さようなら
Exiting..
$
```

日本語を聞き取って、文字起こしができました。また、「さようなら」など日本語で話しかけると、プログラムが終了します。

これで、Google Cloud Speechによる文字起こし（STT）をRaspberry Piで行うことができるようになりました。

Section ▶ 7-3 | 人工音声「Text to Speech（TTS）」の設定

## Section 7-3 ▶ 人工音声「Text to Speech（TTS）」の設定

Speech to Textで会話を聞き取れるようになったので、それを発話する人工音声合成「Text to Speech（TTS）」を導入します。Raspberry Piのローカルで行える音声合成ソフトウェアや、Cloud経由の多言語を発話できるAPIもあります。

### 人工音声合成「Text to Speech（TTS）」とは

Text to Speechは、AI技術などを使って人工で人間のような音声を作り出し、発話する技術です。文字（Text）を発話（Speech）させるので、**Text to Speech**（**TTS**）と呼ばれます。

TTSには、機械自身に言語の辞書を持って、それを元に発話する「ローカルTTS」と、Google Text-to-Speech、Amazon Pollyなどクラウド上で音声合成する「クラウドTTS」があります。ローカルTTSは基本的に言語ごとに用意され、特定の言語に最適化されたものが多いのが特徴です。それに対してクラウドTTSは、多言語に対応した音声合成が行えます。

Raspberry Piで使用できる代表的なTTSには、次のようなものがあります。

●代表的なローカルTTS

| TTSサービス/プロダクト | 対応言語 | 特徴 |
|---|---|---|
| AquesTalk Pi | 日本語 | Aquest社が提供するRaspberry Piに対応した日本語TTS実行環境。商用利用は有料だが、個人利用は無料になっている。<br>https://www.a-quest.com/products/aquestalkpi.html |
| Open JTalk | 日本語 | 名古屋工業大学のソフトウェア研究室で開発された日本語TTS。C言語で開発され、Linux環境で動作する。修正BSDライセンスで公開（無料利用可）。<br>**http://open-jtalk.sourceforge.net/** |
| Espeak Text to Speech | 英語 | Linux及びWindows環境で動作するオープンソースのTTS。<br>**http://espeak.sourceforge.net/** |
| Pico Text to Speech | 英語など5カ国語 | Google Androidで使われていると言われるTTSエンジン。5ヶ国語に対応する。<br>**https://www.openhab.org/addons/voice/picotts/** |
| Ekho | 中国語<br>（マンダリン、広東語） | 中国語を中心としたアジア圏の言葉を扱うTTS。<br>**http://www.eguidedog.net/ekho.php** |

●代表的なクラウドTTS

| TTSサービス/プロダクト | 対応言語 | 特徴 |
|---|---|---|
| Google Cloud Text-to-Speech | 20以上の言語に対応 | Googleが提供するクラウド型TTS。20言語以上に対応し、100種類以上の自然な声で発話が可能。<br>https://cloud.google.com/text-to-speech/ |
| Amazon Polly | 20以上の言語に対応 | Amazon Web Serviceから提供される、Alexaの発話などにも使われているTTS。SSML（Speech Synthesis Markup Language）に対応する。<br>https://aws.amazon.com/jp/polly/ |

| | | |
|---|---|---|
| Microsoft TTS | 40種類以上の言語に対応 | Microsoft Azureで提供されるニューラルネットを利用したクラウドTTS。中国語を含む数多くの言語に対応する。<br>https://azure.microsoft.com/ja-jp/services/cognitive-services/text-to-speech/ |
| Docomo音声合成 | 日本語 | Docomoが提供する発話エンジン。感情レベルの指定により、喜怒哀楽のある声で発話できるのが特徴。個人利用であれば基本的に無料。<br>https://dev.smt.docomo.ne.jp/?p=docs.api.page&api_name=text_to_speech&p_name=api_reference&lang=1 |

## 日本語発話（AquesTalk Pi）のインストール

ここでは日本語での発話に特化したローカルTTSである **AquesTalk Pi** をインストールして使っていきます。会議の時などに、発せられた日本語をそのままRaspberry Piで読み上げ、発話内容を確認できるようにしてみます。

AquesTalk Pi公式サイト（https://www.a-quest.com/products/aquestalkpi.html）にアクセスしてください。

●AquesTalk Pi公式サイト（https://www.a-quest.com/products/aquestalkpi.html）

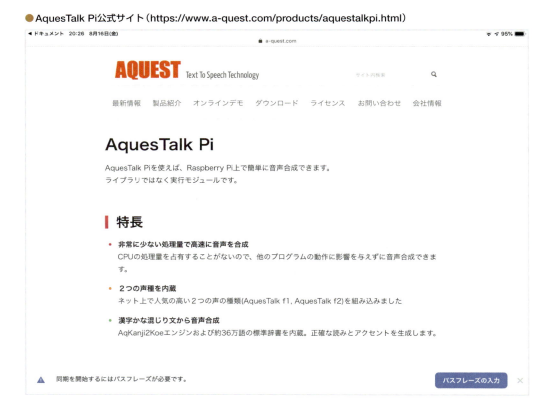

個人の非営利での使用は無料です。使用許諾を確認してからダウンロードします。

●AquesTalk Piのダウンロード

サイトからパソコンにダウンロードしたファイルをRaspberry Piに転送します。
　Raspberry Piへログインし、コピーしたダウンロードファイルをユーザーのホームディレクトリ内のProgramsディレクトリへmvコマンドで移動しておきます。

```
$ mv aquestalkpi-20130827.tgz ~/Programs
```

 **NOTE**

**Macからscpで Raspberry Piに転送する場合**
MacからRaspberry Piへscpで転送する場合は、次のように転送先フォルダを指定すれば直接保存できます。

```
$ scp aquestalkpi-20130827.tgz pi@raspi_name.local:Programs
```

　ダウンロードファイルは圧縮ファイルになっています。tarコマンドで展開します。展開したら、展開先ディレクトリ（~/Programs/aquestalkpi）へ移動します。

Chapter ▶ 7 │ 自動議事録機を作ろう！

```
$ tar zxvf ~/Programs/aquestalkpi-20130827.tgz ⏎
aquestalkpi/
aquestalkpi/test.txt
aquestalkpi/AquesTalkPi
aquestalkpi/aq_dic/
aquestalkpi/aq_dic/readme.txt
aquestalkpi/aq_dic/aq_user.dic
aquestalkpi/aq_dic/aqdic.bin
$ cd ~/Programs/aquestalkpi ⏎
```

　次のコマンドで発話させてみましょう。展開したフォルダ内にある実行ファイル（AquesTalkPi）に続いて、発話させたい言葉を「"」（ダブルクォーテーション）で括って指定し、実行結果を「|」（パイプ）でaplayコマンドに引き渡しています。「こんにちは」のところに、色々な日本語を入れてみて試してみてください。

```
$ ./AquesTalkPi "こんにちは" | aplay ⏎
```

　このローカルTTSのメリットは、プログラムを展開して、パラメータにテキストを指定するだけで、簡単に日本語を発話してくれるところです。とても手軽にTTSができたのではないでしょうか。
　AquesTalkPiコマンドに-hオプションを付けて実行すると、AquesTalkPiコマンドの詳細な情報（ヘルプ）が表示されます。

```
$ ./AquesTalkPi -h
```

　オプションの中には、発話の際の指定するものもあります。例えば「-v」オプションに続けて「f1」（男性の声）「f2」（女性の声）を指定すると、声の種類を設定できます。「-b」オプションを指定すると、無機質な棒読みで発話します。-Sオプションで話す速度を指定できます。初期設定は100で、50〜300の間で速度を指定できます。

## ▶ オウム返しで発話

　AquesTalkがインストールできたら、聞き取った言葉をそのままオウム返しで発話するプログラムを作ってみます。基本的には、Section 7-2で作成した聞き取りプログラムstreaming_jp.pyを、cpコマンドによってstreaming_aquest.pyというファイル名で複製します。

```
$ cp streaming_jp.py streaming_aquest.py ⏎
```

　さらに、40行目と155行目付近に次の記述を追加して、TTSを組み込みます。

Section 7-3 | 人工音声「Text to Speech（TTS）」の設定

●オウム返しで発話するプログラム（40行目付近に追加）

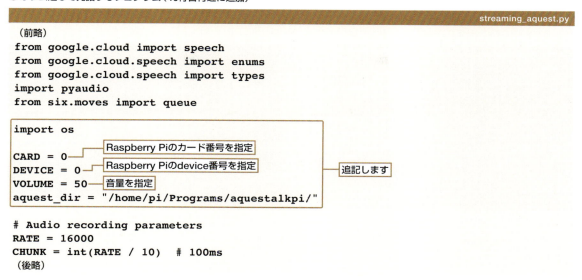

●オウム返しで発話するプログラム（mainプログラム155行目付近に追加）

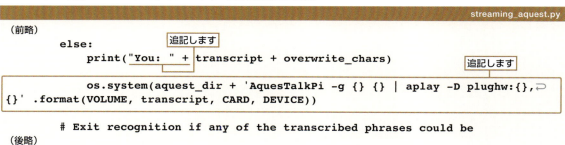

　このプログラムを用いれば、スピーカーに話しかけた言葉をSTTでテキスト化して、AquesTalkのTTSでそのままオウム返しに発話してくれます。STTの際にGoogleのライブラリを使うので、次のようにコマンドを実行して、Python3環境をアクティベイトして、p.230で取得した認証情報（.jsonファイル）も読み込みます。

```
$ source ~/env/bin/activate
(env) $ export GOOGLE_APPLICATION_CREDENTIALS=/home/pi/xxx.json
```

Python3でstreaming_aquest.pyを実行します。「You:」に続いて表示されているのが、話しかけた言葉です。「さようなら」や「バイバイ」などの言葉でプログラムが終了します。

```
(env) $ python streaming_aquest.py ↵
（中略）
You:こんにちは
再生中 WAVE 'stdin' : Signed 16 bit Little Endian, レート 8000 Hz, モノラル
You:元気ですか
再生中 WAVE 'stdin' : Signed 16 bit Little Endian, レート 8000 Hz, モノラル
You:いいですね
再生中 WAVE 'stdin' : Signed 16 bit Little Endian, レート 8000 Hz, モノラル
You:さようなら
再生中 WAVE 'stdin' : Signed 16 bit Little Endian, レート 8000 Hz, モノラル
Exiting..
$
```

これで、Raspberry PiでSTT（文字起こし）からTTS（音声合成）までができるようになりました。

Section ▶ 7-4 ｜ 議事録の自動作成とメール送信

## Section 7-4　議事録の自動作成とメール送信

文字起こしのSTT、発話のTTSが実装できたので、それを議事録形式に作り上げる機能を実装します。特定会話を検知して、ミーティングの開始と終了をチェックし、議事内容を捉えます。また会話終了後、自動でメール送信します。

### 議事録テンプレートの作成

ここまでで、マイクで日本語を拾うとスピーカーがオウム返しで話すことができるようになりました。ここからは、ミーティング中の会話に対して、議事録を取る機能を実装していきます。

まず、打ち合わせの中でいくつか特徴的な言葉を検知して、それを議事録作成に利用します。例えば、ミーティングの最初に、「議事録」や「打ち合わせメモ」などという言葉を含むと、その言葉を検知して、文章の表題にするようにします。

それでは、Sectison 7-3で作成（編集）したプログラムstreaming_aquest.pyをstream_minutes.pyとしてコピー（複製）して、そのファイルにロジックを追加していきます。

```
$ cp streaming_aquest.py stream_minutes.py ⏎
```

プログラムの中に、議事録風にするためのテンプレートをmake_minutesというファンクションで作成して、タイトルとなる議題、日付、議事内容などを定義します。また、ミーティングの最後に「終わります」や「終了」などの言葉を発すると、それをトリガーに議事録を作成（保存）します。これらの仕組み、テンプレートはあくまでサンプルですので、自分のスタイルに合わせて変えてみてください。

●プログラム冒頭、インポート記述追加

stream_minutes.py

```
（前略）
from datetime import datetime ①
import argparse                      ── 追記します
default_speech= 'ja-JP'
（後略）
```

① 日付やパラメータを扱うライブラリをインポートします。

Chapter
7
自動議事録機を作ろう！

241

Chapter 7 | 自動議事録機を作ろう！

●110行目付近、「def listen_print_loop(responses):」前に記述追加

stream_minutes.py

（前略）

```
def make_minutes(convs):        ②
        conv_title= "打ち合わせ"
        conv_cont = ""
        minutes_temp={        ③
                "title":"議題：",
                "date":"日付：",
                "written":"作成者：",
                "contents":"議事内容："
        }
        dateStr = datetime.now().strftime('%Y-%m-%d')
        for con in convs:
                convTimeStr = con["convDateTime"].strftime('%H:%M:%S')
                if con["keyw"] in ["start"]:        ④
                        conv_title = con["convt"]
                conv_cont += '(' + str(con["number"]) +') ' + con["convt"] + ' (' +⤶
convTimeStr + ')\n'

        minutes = minutes_temp["title"] + conv_title + '\n'        ⑤
        minutes+= minutes_temp["date"] + dateStr + '\n'
        minutes+= minutes_temp["contents"] + '\n' + conv_cont
        subject = conv_title + '(' + dateStr + ')'
        return subject, minutes
```

追記します

```
def listen_print_loop(responses):
```
（後略）

② 議事録テンプレートを作るファンクションを追加します。

③ 議事録のテンプレートを定義します。

④ 議事開始ワードがあったら、それをタイトルとして使用します。

⑤ タイトル、日付、議事内容などを作成します。

Section ▸ 7-4 │ 議事録の自動作成とメール送信

● 150行目付近、「if not result.is_final:（中略）else:」の後に記述追加

stream_minutes.py

```python
（前略）
        if not result.is_final:
            sys.stdout.write(transcript + overwrite_chars + '\r')
            sys.stdout.flush()

            num_chars_printed = len(transcript)

        else:                                                    追記します
            #print("You:" + transcript + overwrite_chars)

            conversation = transcript + overwrite_chars
            convDateStr = datetime.now().strftime('%Y-%m-%d %H:%M:%S')
            i += 1
            print(str(i)+": "+ conversation +"("+convDateStr+")")     ⑥

            words = {"start": ['議事録', '議事','打ち合わせ','打合せt','メモ'],   ⑦
                     "bye": ['さようなら','さよなら','終了','終わり','bye','exit']}
            keyw = ""
            conversation.lower()
            for key,val in words.items():        ⑧
              for v in val:
                if conversation.find(v) > -1:
                  keyw = key
                  break
            conv = {"number": i,        ⑨
                "convDateTime": datetime.now(),
                "convt": conversation,
                "keyw": keyw}
            convs.append(conv)

            os.system(aquest_dir + 'AquesTalkPi -g {} {} | aplay -D plughw:{},⏎
{}'.format(VOLUME, transcript, CARD, DEVICE))     ⑩

            if conv[ "keyw" ] == "bye":     ⑪
                subject, minutes = make_minutes(convs)
                print(subject, minutes)
                print('Exiting..')
                break
        num_chars_printed = 0
（後略）
```

⑥ 聞き取った会話に番号と日時を付け表示します。

⑦ 議事録開始ワード、終了ワードを指定します。

⑧ 会話の中に⑦の特定ワードがあったら、それを検知しキーワードとして保存します。

⑨ 記録したワードをJson形式にし、連結して保存します。

⑩ 聞き取った内容をAquesTalkで反復します。

⑪ 終了ワードを検知したら、②のファンクションから議事録を作成します。

● 160行目付近、「num_chars_printed = 0」の後に記述追加

⑫ 会話をカウント、保存するための変数を定義しておきます。

プログラムの修正が完了したら実行しましょう。python3 stream_minutes.pyとコマンド実行します。会話を反復しながら、最後に議事録の形に出力されれば成功です。

```
(env) $ python stream_minutes.py
(中略)
1: startプロジェクトの議事録 (2019-08-26 23:38:32)
再生中 WAVE 'stdin' : Signed 16 bit Little Endian, レート 8000 Hz, モノラル
2: 今日のステータスを報告してください(2019-08-26 23:38:39)
再生中 WAVE 'stdin' : Signed 16 bit Little Endian, レート 8000 Hz, モノラル
3: 三つの問題がありま す(2019-08-26 23:38:45)
再生中 WAVE 'stdin' : Signed 16 bit Little Endian, レート 8000 Hz, モノラル
4: 今週中に解決しま す(2019-08-26 23:38:52)
再生中 WAVE 'stdin' : Signed 16 bit Little Endian,レート 8000 Hz, モノラル
5: byeプロジェクトを終了しま す(2019-08-26 23:38:57)
再生中 WAVE 'stdin' : Signed 16 bit Little Endian, レート 8000 Hz, モノラル
プロジェクトの議 事 録(2019-08-26) 議題: プロジェクトの議事録
日付: 2019-08-26
議事内容:
(1) プロジェクトの議事録 (23:38:32)
(2) 今日のステータスを報告してください (23:38:39)
(3) 三つの問題があります (23:38:45)
(4) 今週中に解決します (23:38:52)
(5) プロジェクトを終了します (23:38:57)

Exiting..
```

Section ▶ 7-4 | 議事録の自動作成とメール送信

## ＞ メール送付機能の追加

　ここでは、作成した議事録をメール送付できるようにします。まずRaspberry Piに、シンプルなSMTPサーバーアプリ「**sSMTP**」と「**mailutils**」をインストールします。インストールには管理者権限が必要です。

```
$ sudo apt install ssmtp mailutils ⏎
```

　設定は/etc/ssmtp/ssmtp.confというファイルを編集して行います。これに自分のGmailアカウントなどを登録します。/etcディレクトリ以下のファイルの編集には管理者権限が必要です。

```
$ sudo vi /etc/ssmtp/ssmtp.conf ⏎
```

### ssmtp.confの設定内容

| | |
|---|---|
| mailhub=smtp.gmail.com:587 | Gmailのサーバー |
| AuthUser=xxx@gmail.com | 自分のGmailアカウント |
| AuthPass=pswd | Gmailパスワード |
| AuthLogin=YES | Gmailへのログイン許可 |
| UseSTARTTLS=YES | メールの暗号化設定 |

● メール設定ファイルの編集

ssmtp.conf

```
# Config file for sSMTP sendmail
# The person who gets all mail for userids < 1000
# Make this empty to disable rewriting.
root=postmaster

# The place where the mail goes. The actual machine name is required no
# MX records are consulted. Commonly mailhosts are named mail.domain.com
mailhub=smtp.gmail.com:587 #mail     ── Gmailサーバーを設定します

# Where will the mail seem to come from?
#rewriteDomain=

# The full hostname
hostname=raspberryai

# Are users allowed to set their own From: address?
# YES - Allow the user to specify their own From: address
# NO - Use the system generated From: address
#FromLineOverride=YES
AuthUser=xxxxxxxxxxxxx@gmail.com
AuthPass=xxxxxxxxxxxx           ── 送信先Gmailアドレスとその
AuthLogin=YES                      パスワード等を設定します
UseSTARTTLS=YES
```

Chapter

**7**

自動議事録機を作ろう！

245

「AuthPass」にはGmailのパスワードを設定しますが、このパスワードを「アプリパスワード」（Raspberry Piからの接続専用のパスワード）に設定できます。Googleのページ（https://support.google.com/mail/answer/185833?hl=ja）でRaspberry Piからのアクセス専用パスワードを生成し、それをAuthPassに設定します。

> **NOTE**
> **2段階認証を有効にしていることが前提**
> アプリパスワードは、Googleへのログインの2段階認証が有効になっていないと、項目自体表示されません。アプリパスワードを利用する場合は、2段階認証を有効にしてください。

● Google「アプリパスワードでログイン」（https://support.google.com/mail/answer/185833?hl=ja）

上記ページの「Googleアカウント」のリンクをクリックして表示されるページで、左カラムの「セキュリティ」を選択します。右側に「Googleへのログイン」が表示されるので、「アプリ パスワード」を選択します。

● Google アプリパスワードの設定

「その他のアプリ」から適当なアプリ名（本書の例では「RasAiMinutes」）を付け、パスワードを生成すると、次のような画面が表示されます。

● アプリパスワード生成画面

生成されたパスワードをコピーして、さきほどのssmtp.confファイルのAuthPassの欄にペーストして設定します。

これでRaspberry Piからメール送信する設定が完了しました。それではmailコマンドを使って、Raspberry Piから自分のメールアドレス宛てに、次のような適当な文言を送って、テストしてみます。echoコマンドで指定した言葉を、mailコマンドで送信しています。

```
$ echo "Test content" | mail -s "Test subject" xxx@hotmail.com
```

上記コマンドを実行したら、右のようなメールが送られてきます。

●mailコマンドで送信されたメール

最後に、打ち合わせを終えるキーワードを検知したら議事録を自動でメール送信して、「宛先にメールを送信しました！」と発声させるようにします。また、話す言語の設定（この時点では日本語のみ）と、話したことをリピートして発話するか否か、さらにメールアドレスのパラメータを追加します。プログラムの変更点の詳細は次のとおりです。

100行目付近の「def listen_print_loop(responses):」から160行目付近の「num_chars_printed = 0」の間に記述を追記します。

●stream_minutes.py 水色部分が追加

```
                                                            stream_minutes.py
（前略）
def listen_print_loop(responses):
（中略）
            if repeat != "no" : ①
                os.system(aquest_dir + 'AquesTalkPi -g {} {} | aplay -D
 plughw:{},{}'.format(VOLUME, transcript, CARD, DEVICE))
            if conv[ "keyw" ] == "bye":
                subject, minutes = make_minutes(convs)
                print(subject, minutes)
                if mail: ②
                    os.system('echo "' + minutes + '" | mail -s "' + subject +
 '" ' + mail) ③
                    os.system(aquest_dir + 'AquesTalkPi -g {} {} | aplay -D
 plughw:{},{}'.format(VOLUME, mail+" にメールが送られました！", CARD, DEVICE)) ④
                print('Exiting..')
                break
            num_chars_printed = 0
（後略）
```

追記します

**Section 7-4 | 議事録の自動作成とメール送信**

① repeatパラメータが no でなかったら、AquesTalkで反復発話します。

② mailパラメータでアドレスが指定された時に、メールを送信します。

③ mailコマンドで、表題（subject）と内容（minutes）を指定アドレスに送信します。

④「メールが送られました！」と発話します。

さらに、プログラムファイル最後の方「if __name__ == '__main__':」と「main()」の間に次の記述を追加します。

```
（前略）                                          追記します
if __name__ == '__main__':
    parser = argparse.ArgumentParser()       ⑤
    parser.add_argument('--detect', nargs='?', dest='detect', type=str, ⏎
default='ja-JP', help='detect lang')         ⑥
    parser.add_argument('--repeat', nargs='?', dest='repeat', type=str, ⏎
default='no', help=' Repeat yes or no')       ⑦
    parser.add_argument('--mail', nargs='?', dest='mail', type=str, default='', ⏎
help=' Send to mail address')    ⑧
    args  = parser.parse_args()
    detect= args.detect if args.detect else default_speech
    repeat= args.repeat if args.repeat else "no"
    mail    = args.mail if args.mail else ""
    print(detect, repeat, mail)
    main()
```

⑤ プログラムにパラメータを追加します。

⑥ 聞き取り言語パラメータ（detect）を追加します。

⑦ 反復発声パラメータ（repeat）を追加します。

⑧ mailアドレス指定するパラメータを追加します。

プログラムの修正が完了したら、次のようにメールアドレスを指定して、プログラムを実行してみましょう。

```
(env) $ python stream_minutes.py --detect ja-JP --repeat yes --mail xxx@mail.com ⏎
```

会話をした際の画面上の表示結果です。

```
1: 新企画の打ち合わせメモ（2019-08-26 23:53:43）
再生中 WAVE ' stdin' : Signed 16 bit Little Endian, レート 8000 Hz, モノラル
（中略）
5. 正確には連絡しました（2019-08-26 23:54:09）
再生中 WAVE ' stdin' : Signed 16 bit Little Endian, レート 8000 Hz, モノラル
6. 完了済みです（2019-08-26 23:54:12）
再生中 WAVE ' stdin' : Signed 16 bit Little Endian, レート 8000 Hz, モノラル
```

Chapter
7

自動議事録機を作ろう！

```
7. 終了します（2019-08-26 23:54:16）
再生中 WAVE 'stdin' : Signed 16 bit Little Endian, レート 8000 Hz, モノラル
新企画の打ち合わせメモ（2019-08-26）議題：新企画の打ち合わせメモ
日付：2019-08-26
議事内容：
(1) 新企画の打ち合わせメモ（2019-08-26 23:53:43）
  （中略）
(5) 正確には連絡しました（2019-08-26 23:54:09）
(6) 完了済みです（2019-08-26 23:54:12）
(7) 終了します（2019-08-26 23:54:16）
Exiting..
```

「新企画の打ち合わせメモ」からスタートし、「終了します」までの一連の会話を聞き取っています。

次は送信されてきたメールのサンプルです。議事録形式になっています。

●**Raspberry Piから送られた議事録メールの例**

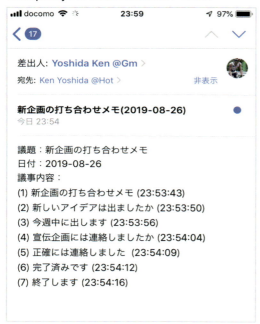

議事録を記録するプログラムができたので、次のSection 7-5では、自動議事録機の筐体を作り上げます。

# Section 7-5 自動議事録機デバイスの作成

前節までで、会話の聞き取り、発話、議事録形式の保存、メール送信などができました。仕上げとして、ここでは筐体として議事録機を完成させます。360°音声を拾うマイクやLED、ボタンなどを付けて、実際にミーティングルームに置いて、便利で使いやすいものにします。

## 自動議事録機作成に必要な部品

プログラムなどの事前準備ができたところで、Raspberry Piやマイク、スピーカーなどを組み合わせて自動議事録機の筐体を作ります。次は必要部品一覧です。

● 自動議事録機のハードウェア部品

**利用部品**

- 8Wスピーカー（http://akizukidenshi.com/catalog/g/gP-03285/） ……… 1個
- オーディオジャック ……… 1個
- 多方向性USBマイク（ReSpeaker MIC Array https://www.seeedstudio.com/ReSpeaker-Mic-Array-v2-0.html） ……… 1個
- （上記が無い場合）USBミニマイク ……… 1個
- LED付きタクトスイッチ ……… 1個
- ジャンパー線（オスーオス） ……… 2本
- ジャンパー線（オスーメス） ……… 4本
- 小型ブレッドボード ……… 1個
- モバイルバッテリー ……… 1個
- USBケーブル ……… 1本
- デバイスの筐体 ……… 1個

Raspberry Piにスピーカーやマイクを接続します。マイクに関しては、会議中の多方向からの音声を拾うために、複数のマイクが付いたReSpeakerという機器を使います。なお、ReSpeakerを使わない場合は、これまでのようにUSBミニマイクでも代用できます。

外観はプラスチックのケースなどを流用して、スマートスピーカーのような形状にしてみました。ミーティングルームなどに置いても違和感無いように作ってみてください。

これらを使って、自動議事録機として作った完成形は次ページの写真のとおりです。

Chapter ▶ 7 | 自動議事録機を作ろう！

● 自動議事録機の完成写真

## > 自動議事録機作成の手順

自動議事録機のハードウェアの作成手順は次のとおりです。

1. ReSpeaker Mic Arrayを実装する
2. タクトスイッチを接続する
3. スピーカーを接続し、筐体を作り上げる

配線図は次のとおりです。

● ReSpeakerを用いた自動議事録機の配線図

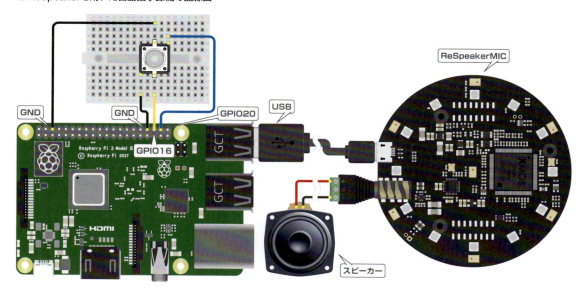

252

## ❯ ReSpeaker Mic Arrayの接続

　ここでは、議事録機に使うマイクとして、Seeed社が提供する、複数マイクが付いた「**ReSpeaker Mic Array**」を使用します。

### ❯❯ ReSpeaker Mic Arrayとは

　ReSpeaker Mic Arrayは、複数のマイクを装備し多方向からの音源を検知できるマイクユニットです。アンプも内蔵されており、発声のためのスピーカーを接続することもできます。円形にマルチカラーLEDが配置されており、動作時などにそれを光らせてステータスを表示できます。

　ReSpeakerには高性能マイクが備わり、約5m離れた場所の音声も拾えます。円形に複数のマイクが設置されていて、どのマイクが音声を拾ったかを認識できます（Direction of Arrival機能）。雑音や反響音を適切に取り除けます。ミーティングルームのテーブル中央に置いて、360°どの方向からの声も拾えます。

### ❯❯ Raspberry PiとReSpeakerの接続

　ReSpeakerとRaspberry Piとの接続は、USBで行います。ReSpeakerはUSBでのデータ通信、および電源供給に対応しています。Raspberry PiのUSB端子に繋ぐだけですぐに使い始められます。

●ReSpeaker Mic Array
https://www.seeedstudio.com/ReSpeaker-Mic-Array-v2-0.html

●Raspberry PiとReSpeaker Mic Arrayとの接続

Raspberry PiとReSpeakerをつないだら、ReSpeakerを使うためのライブラリをgitコマンドでダウンロードして適用します。サンプルプログラム（pixel_ring.py）をpythonコマンドに続けて実行すると、リング上に配置されたLEDが点灯します。

```
$ pip install pyusb
$ git clone https://github.com/respeaker/mic_array.git
$ cd mic_array
$ python pixel_ring.py
```

●ReSpeakerのLEDが点灯した

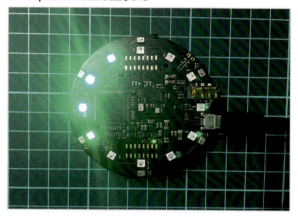

サンプルのプログラムを使って、マイクで音が拾えているかを確認します。**pyaudio**ライブラリをpipコマンドでインストールしてmic_array.pyプログラムを実行し、色々な方向から声をかけてみます。数字が表示されますが、これは音声入力を認識した角度を表しています。

```
$ pip install pyaudio
$ python mic_array.py
（中略）
(2, 'ReSpeaker Microphone Array: USB Audio (hw:1,0)', 8L, 2L)
Use ReSpeaker Microphone Array: USB Audio (hw:1,0)
120
300
120
120
300
120
120
300
120
120
120
120
```

254

コマンド実行結果のように、音がした方向（角度）を表示して、LEDを光らせます。次の写真の上部（指で台紙を叩いて音をさせている箇所）が0°で、反時計回りに360°の方向を検知できます。

● 写真上0°方向からの音を検知した様子

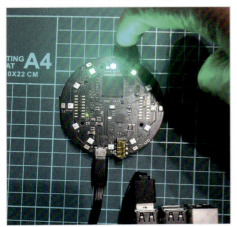

## 2. タクトスイッチの接続

次に、議事録機を動かし始めるボタンを付けます。ボタンが押された後、音声の聞き取りを始め、議事録を取るようにします。

### » スイッチのRaspberry Piへの接続

大きめのLED付きタクトスイッチをブレッドボードに装着します。LED部分（真ん中の細いピン）のアノードとカソードを、それぞれ黄色（GPIO16）と黒（GND）のジャンパ線を使ってつなげます。4本の脚が付いているスイッチ部分を青い（GPIO20）と白い電源のジャンパー線でRaspberry Piにつなげます。

● Raspberry PiにLED付きタクトスイッチを接続

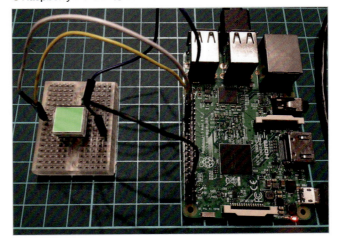

この状態で、スイッチが動くかテストをします。Section 3-2で作ったswitch_led.pyプログラムを実行して、ボタンの押し下しを検知してLEDが光るか確認しましょう。

●LEDが光ってボタンが押された事を確認

```
$ python switch_led.py
switch_led.py:9: RuntimeWarning: This channel is already in use, continuing anyway.
Use GPIO.setwarnings(False) to disable warnings.
  GPIO.setup(LED, GPIO.OUT)
OFF
OFF
OFF
OFF
Switch ON!
OFF
OFF
OFF
Switch ON!
```

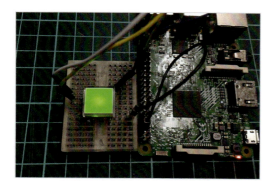

» 音声プログラムへの組み込み

このボタンを押すと、Cloud Speechが音声を聞き始めるようにします。Section 7-4のstream_minutes.pyプログラムをコピー（複製）してstream_minutes_device.pyとします。

```
$ cp stream_minutes.py stream_minutes_device.py
```

このプログラムを編集し、ボタンのセットアップと、それを検知しCloud Speechにつなげるプログラムを追加します。

まず、次のように28行付近の「def make_minutes(convs):」までの間に、GPIOライブラリの呼び出しやLEDとBUTTONの定義などを追記します。

> Section ▶ 7-5 | 自動議事録機デバイスの作成

**stream_minutes_device.py**

（前略）

```python
import time
import RPi.GPIO as GPIO      ①

LED    = 16
BUTTON = 20

GPIO.setmode(GPIO.BCM)      ②
GPIO.setup(LED, GPIO.OUT)
GPIO.setup(BUTTON, GPIO.IN, pull_up_down=GPIO.PUD_UP)

from pixel_ring import pixel_ring      ③
pixel_ring.spin()

for i in range(3):
    GPIO.output(LED, GPIO.HIGH)
    time.sleep(0.5)
    GPIO.output(LED, GPIO.LOW)
    time.sleep(0.5)

pixel_ring.off()
```

追記します

```python
def make_minutes(convs):
```
（後略）

① GPIOライブラリを呼び出します。

② LED（出力GPIO16）とBUTTON（入力GPIO20）を定義します。

③ プログラム開始時に、ReSpeakerのライブラリを呼び出し、LEDを光らせます。

　さらに、232行目付近の「while True:」から251行付近の「client = speech.SpeechClient()」までの間に、次のように追記します。

Chapter 7 | 自動議事録機を作ろう！

**stream_minutes_device.py**

```
（前略）

  while True:                                        追記します
    state = GPIO.input(BUTTON)    ④
    if state:
      print('Press the button and speak')
      GPIO.output(LED, GPIO.HIGH)
      time.sleep(0.3)
      GPIO.output(LED, GPIO.LOW)
      time.sleep(0.3)
      continue
    else:    ⑤
      print("Let's speak!")
      os.system(aquest_dir + 'AquesTalkPi -g {} {} | aplay -D plughw:{},{}'.↩
format(VOLUME, "議事録作成を開始します！", CARD, DEVICE))    ⑥
      pixel_ring.spin()
      GPIO.output(LED, GPIO.HIGH)
      time.sleep(2)
      GPIO.output(LED, GPIO.LOW)
      pixel_ring.off()
      pass

  client = speech.SpeechClient()
（後略）
```

④ ボタンのstate（ステータス）を定義し、押されていない場合はLEDを点滅させ、ボタン押下を待ちます。

⑤ ボタンが押下された時に、聞き取りの開始につなげます。

⑥ 「議事録作成を開始します」と発話させ、LEDを光らせてお知らせします。

　このプログラムを実行します。ボタンが押された時だけ音声を聞きはじめ、終了ワード（「さようなら」など）を検知すると、再び待機状態（LED点滅）になることを確認しましょう。

```
(env) $ python stream_minutes_device.py ⏎
```

258

●待機時はLEDが点滅。ボタンが押されると音声を拾いはじめる。

## ▶ 3. スピーカーを接続し、筐体を完成させる

最後にスピーカーをReSpeakerにつなぎ、音声の聞き取りから、発話までができるか試してみます。

### » スピーカーを接続する

ReSpeakerのプラグに、スピーカーからの音声ジャックをさし込みます。

全て接続したら、オーディオの接続確認を行います。

●スピーカーを接続

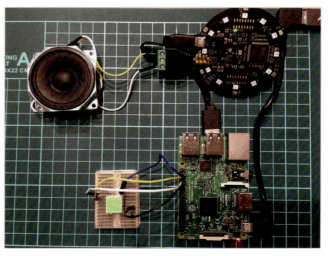

aplayコマンドとarecordコマンドで、認識されているカード番号、デバイス番号を確認します。次の例では、マイク、スピーカーともカード1に認識されています。

●aplay、arecordの確認画面

```
$ aplay -l
**** ハードウェアデバイス PLAYBACK のリスト ****
カード 0: ALSA [bcm2835 ALSA],デバイス 0: bcm2835 ALSA [bcm2835 ALSA]
  サブデバイス :7/7
  サブデバイス #0: subdevice #0
  サブデバイス #1: subdevice #1
  サブデバイス #2: subdevice #2
  サブデバイス #3: subdevice #3
  サブデバイス #4: subdevice #4
  サブデバイス #5: subdevice #5
  サブデバイス #6: subdevice #6
カード 0: ALSA [bcm2835 ALSA], デバイス 1: bcm2835 ALSA [bcm2835 IEC958/HDMI]
  サブデバイス： 1/1
  サブデバイス #0: subdevice #0
$ arecord -l
**** ハードウェアデバイス CAPTURE のリスト ****
カード 1: Array [ReSpeaker Microphone Array], デバイス 0: USB Audio [USB Audio]
  サブデバイス： 1/1
  サブデバイス #0: subdevice #0
```

このカード番号、デバイス番号を、stream_minutes_device.py内の、Section 7-3のオウム返しで発話するプログラムを作成する際（p.258参照）に記述した箇所に反映します。

stream_minutes_device.py

```
CARD = 1 # Raspberry Piのcard番号に応じて
DEVICE = 0 # Raspberry Piのdevice番号に応じて
```

## 》自動議事録機の筐体を作り上げる

最後に、Raspberry Piなどを入れるケースに収納して、筐体を作り上げます。ケースに収まるような小型のモバイルバッテリーも用意します。

●自動議事録機で使用する部品群

Raspberry Pi、スピーカー、モバイルバッテリーをケースに収納します。LED付きタクトスイッチを押しやすい位置に格納します。

最後にReSpeakerも上部にセットします。

●丸いケースにRaspberry Piなどを収納

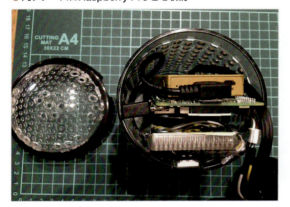

●ReSpeakerをセット

上部から見た場合は、このようになります。Raspberry Pi、バッテリーなどを格納した後に、ReSpeakerをのせます。ReSpeakerを使わない場合は、USBミニマイクが音を拾いやすい位置にセットします。

●ReSpeakerを上部に固定

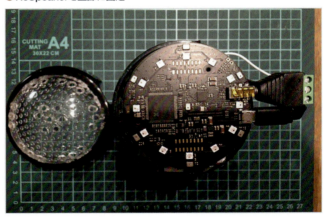

最後に穴の空いたケースをかぶせて完成です。タクトスイッチを操作しやすい場所に設置してください。スイッチのプログラムを実行すると、LEDが点灯します。

Chapter 7 | 自動議事録機を作ろう！

●ケースをかぶせて完成

mic_array.pyプログラムを実行して、音の検出、LEDの点灯をチェックします。

●ReSpeakerのLED点灯をチェック

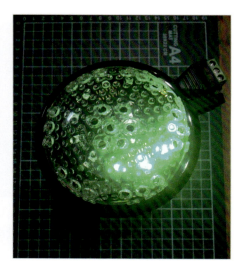

会議室に置いて使ってみましょう。会議テーブルの中央に置けば、全方向の音声を聞き取ってくれます。

●ミーティングルームのテーブルに設置

» **自動起動の設定**

　実稼働に向けて、認証ファイルを自動で読み込んだりするシェルスクリプト（プログラム）ファイルminutes.shを作ります。「export GOOGLE_APPLICATION_CREDENTIALS=」にはSection 7-2（p.230）で入手した認証情報（サービスアカウントキー）のパスを指定します。「xxx@mail.com」には会議録を受け取るメールアドレスを設定します。

●minutes.sh

```
#!/bin/bash --rcfile
source /home/pi/env/bin/activate
export GOOGLE_APPLICATION_CREDENTIALS=/home/pi/xxx.json
cd /home/pi/Programs/minutes
echo "Streaming Minutes Device is running!"
python stream_minutes_device.py --repeat no --mail xxx@mail.com
```

　このシェルスクリプトファイルを、Raspberry Pi起動時に自動実行するように、サービス設定します。サービスの設定は次のようにファイル（minutes.service）に記述します。

● 自動実行用のサービスファイル

```
Description=Stream Minutes Device
[Service]
ExecStart=/bin/bash /home/pi/Programs/minutes/minutes.sh
WorkingDirectory=/home/pi/Programs/minutes/
Restart=always
User=pi
[Install]
WantedBy=multi-user.target
```
minutes.service

作成したminutes.serviceファイルを/etc/systemd/system/ディレクトリにコピーします。/etcディレクトリへのファイルのコピーには管理者権限が必要なので、sudoを付けて実行します。

```
$ sudo cp minutes.service /etc/systemd/system/
```

コピーしたら、systemctlコマンドで登録します。systmctlコマンドの実行にも管理者権限が必要です。「systemctl enable」でサービスを有効化し、「systemctl start」でサービスを開始します。「systemctl status」コマンドでステータスを確認できるので、activeとなっていたら自動登録完了です。

```
$ sudo systemctl enable minutes.service
$ sudo systemctl start minutes.service
$ sudo systemctl status minutes.service
```

## 》再起動し、使用を開始する

サービス登録が済んだら、Raspberry Piを再起動させましょう。ReSpeakerとLEDが光って、自動議事録プログラムが動き出したのがわかります。LEDが短く点滅し出したら、議事録開始を待っています。

● 再起動後、LEDが光り始めます

Section ▶ 7-5 | 自動議事録機デバイスの作成

ボタンを押すと再度ReSpeakerとLEDが光り、話し合いを聞き始めます。

● ボタンを押して、議事録作成を開始

「プロジェクト議事録」や「打ち合わせ」など特定語句を聞き取り、タイトルにします。「さようなら」などの終了ワードで、議事録を作成します。画面で議事録が作成されたことが確認できます。

● ターミナルで議事結果を確認

```
1:  プロジェクトのステータスミーティング  (2019-09-10 02:08:51)
2:  今日はプロジェクトの進捗を話し合います  (2019-09-10 02:08:57)
3:  問題点を挙げてください  (2019-09-10 02:09:01)
4:  ソフトウェアにバグが三つあります (2019-09-10 02:09:07)
5:  今週中に直します  (2019-09-10 02:09:12)
6:  来週リリース予定です (2019-09-10 02:09:16)
7:  以上です (2019-09-10 02:09:20)
8:  bye終了 (2019-09-10 02:09:24)  |
打ち合わせ  (2019-09-10)  議題：打ち合わせ
日付：2019-09-10」
作成者  :  kenichi_yoshida@hotmail.com
議事内容：
(1)  プロジェクトのステータスミーティング  (02:08:51)
(2)  今日はプロジェクトの進捗を話し合います  (02:08:57)
(3)  問題点を挙げてください  (02:09:01)
(4)  ソフトウェアにバグが三つあります  (02:09:07)
(5)  今週中に直します  (02:09:12)
(6)  来週リリース予定です  (02:09:16)
(7)  以上です  (02:09:20)
(8)  終了  (02:09:24)

再生中 WAVE 'stdin' : Signed 16 bit Little Endian, レート 8000 Hz, モノラル
Exiting..
再生中 WAVE 'stdin' : Signed 16 bit Little Endian, レート 8000 Hz, モノラル
Press the button and speak
Press the button and speak
```

Chapter
7

自動議事録機を作ろう！

Chapter 7 | 自動議事録機を作ろう！

　議事録作成が終わると、右のようなメールが送信されます。議事録の体裁になっていることを確認してください。

● メールで議事内容が送付される

　会議中の言葉を聞き取り、議事録にするマシンのでき上がりです。

● ミーティングルームなどに置いて、議事録を自動作成

# Chapter 8

## AIカメラを作ろう！

機械学習やDeep Learningを使った画像認識技術は、その進展に目を見張るものがあります。ここでは、そんな最新の画像認識を手軽に使えるGoogle Vision APIを利用して、物体を検出するAIカメラを作成します。ラベル（物体）検出や、文字認識、笑顔判定などを行い、TTSにより写ったものを読み上げてくれる不思議なカメラにします。

Section 8-1 ▶ AIカメラを作る
Section 8-2 ▶ 画像認識 Google Vision の設定
Section 8-3 ▶ 翻訳機能 Google Translate の設定
Section 8-4 ▶ カメラのプログラム作成
Section 8-5 ▶ AIカメラの完成

Chapter 8 | AIカメラを作ろう！

# Section 8-1 ▶ AIカメラを作る

Googleの先進的な画像認識AI、Google Vision APIを使って、物体を判別するカメラを作ります。作りながら、Raspberry Piでのカメラの使い方、画像認識方法、翻訳機能などが学べます。

## ▶ でき上がるもの、必要部品

このAIカメラは、シャッターボタンを押すと、写真が撮られ、そこに写っているものを判別します。ラベル（物体）検出、文字認識、顔・笑顔判定などの機能があります。判別した内容をTTSにより読み上げて、教えてくれます。外国語の文字などであれば、それを日本語に翻訳する機能も付けます。

●AIカメラの外観

●AIカメラの裏側。右側のシャッターボタンを押すことで写真を撮り、結果を真ん中のスピーカーから発話する

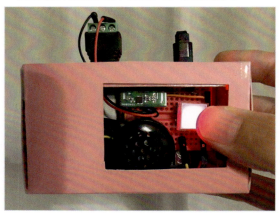

AIカメラに必要な部品は次のとおりです。写真撮影をするカメラは、Raspberry Piの純正カメラを使っています。写ったものを読み上げるスピーカーも接続します。シャッターボタンとして、Chapter 7で使ったLED付きタクトスイッチを使います。

利用部品

- Raspberry Pi Camera ……………………………………………… 1個
- 小型スピーカー（ブレッドボード用ダイナミックスピーカー）…… 1個
- アンプキット（TPA2006超小型D級アンプキット）……………… 1個
- LED付きタクトスイッチ …………………………………………… 1個
- ジャンパー線（オス−オス）………………………………………… 2本
- ジャンパー線（オス−メス）………………………………………… 4本
- 導線（ビニール線）………………………………………………… 5本
- モバイルバッテリー ………………………………………………… 1個
- カメラの筐体を作る画用紙など

Section 8-1 | AIカメラを作る

筐体は画用紙などを使って、簡単に作っています。小型のモバイルバッテリーを使って、全てを収納してコンパクトなAIカメラに仕上げます。

## ▶ AIカメラを作成するステップ

このAIカメラを作成するステップは、右のような順番で行います。

● AIカメラを作成する手順
1. カメラのセットとGoogle Visionの設定
2. 文字認識と翻訳機能
3. Pythonプログラムの作成
4. カメラ風の筐体を作って完成

● 物体、文字判別するAIカメラの内部構造

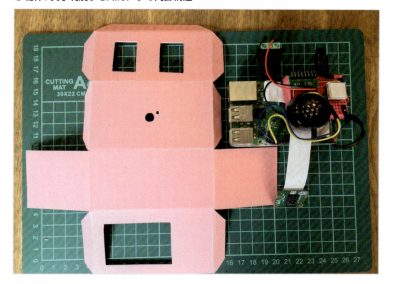

## ▶ AIカメラでできること

このAIカメラでは、撮った写真の画像解析を行います。AI技術を使って次のような機能を実現します。

- **シャッターを1回押すと、どんな物体が写っているかの物体判定（Label Recognition）をする**
- **シャッターを2回連続で押すと、写っている文字を判別（Text Recognition）して、読み上げる**
- **外国語（日本語以外）の文字が写っている場合は日本語に翻訳して読み上げる**
- **シャッター長押しで、顔、笑顔判定（Face Recognition）をする**

AIカメラを作ることで、画像、音声、言語に関する次のようなAI技術を学ぶことができます。また、Raspberry Piでのカメラの制御方法も学べます。

Chapter 8 | AIカメラを作ろう！

- 画像認識AI「Google Vision」の仕組みを理解できる
- 自動翻訳「Google Translate」の使い方を学べる
- 写真撮影からGoogle Vision、Translate、TTSといった一連の機能を使うPythonプログラムを作成できるようになる

● 物体、文字判別に関するAI機能説明

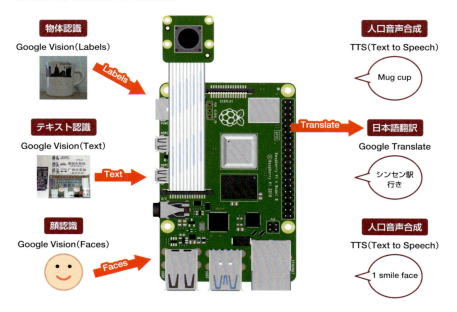

● シャッターを押して撮影、写っているものを読み上げます

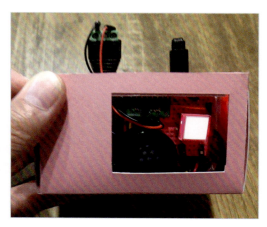

それでは、AIカメラを作っていきましょう。

# Section 8-2　画像認識Googleの Visionの設定

AIを使った画像認識技術、Google Visionの設定を行います。カメラの設定、APIの有効化、SDKのインストールなどの一連の動作を行います。

## ▶ カメラの設定

ここでは、Raspberry Piのカメラ端子に接続する、Raspberry Pi純正のカメラモジュール（Raspberry Pi Camera V2）を使います。

白いカメラケーブルをカメラの裏側に接続し、Raspberry Piの中ほどにあるカメラ端子にも挿入します。端子の白いフックを引き上げ、ロックを外した後に、ケーブルを差しフックを深く挿し入れることで固定できます。

●Raspberry Pi Camera V2を接続

raspi-configコマンドでカメラ利用を有効化します。raspi-configの実行には管理者権限が必要です。

```
$ sudo raspi-config
```

「5 Interfacing Options」を選択します。

● Interfacing Optionsの選択

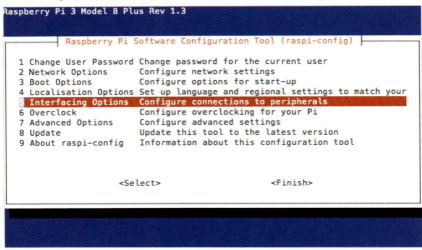

「P1 Camera」を選択します。

● Raspberry Pi Software Configuration Tool画面

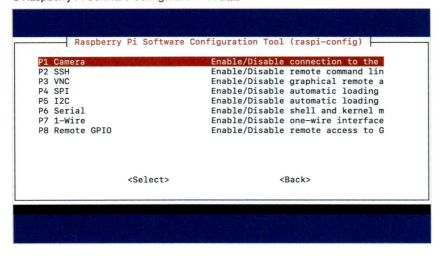

「would you like camera interface to be enabled?」（カメラインタフェースを有効にしますか？）と表示されるので、「はい」を選びます。この後、Raspberry Piを再起動します。

●camera interface画面

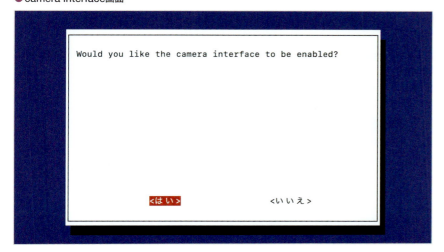

再起動したら、カメラ機能が有効になっています。
　カメラで写真を撮ってみましょう。Raspberry Piに標準で備わっている **raspistill** コマンドを使用します。-oオプションに続けて、保存する画像ファイル名をJpeg形式で指定します。

```
$ raspistill -o image.jpg
```

　コマンドを実行したディレクトリにimage.jpgという画像が保存されます。ここではマグカップを撮っています。

●Raspberry Piカメラで撮ったマグカップ画像

raspividコマンドで、動画を撮影することもできます。H264という動画フォーマットで、5秒間の動画を撮影する場合、次のようにオプションを指定します。

```
$ raspivid -o video.h264 -t 5000
```

lsコマンドで静止画や動画ファイルが保存されていることを確認しましょう。

```
$ ls
image.jpg image640.jpg vid.h264 vid640.h264 video.h264
```

静止画や動画の基本的な撮影方法は以上です。

## Google Vision APIの使用

Raspberry Piで画像を撮影できたら、その写真に何が写っているかの判別をAIにさせます。GoogleのAIのAPIの中で、画像認識を行う「**Google Vision API**」（https://cloud.google.com/vision/）を使っていきます。

●Google Vision（https://cloud.google.com/vision/）

次ページ（https://cloud.google.com/vision/docs/quickstart-client-libraries#client-libraries-install-python）

にGoogle Vision（のPython用クライアントライブラリ）のクイックスタートの手順が紹介されています。この手順に従い、Raspberry PiにGoogle Visionをセットアップして行きましょう。

● **Vision APIのクイックスタート**
（https://cloud.google.com/vision/docs/quickstart-client-libraries#client-libraries-install-python）

Raspberry PiへのGoogle Vision APIのインストールは、次のようなステップになっています。

1. プロジェクトの開始（p.139で解説）
2. Cloud Platformの有効化（p.141で解説）
3. Cloud Vision APIの有効化
4. 認証情報の設定
5. 環境変数 GOOGLE_APPLICATION_CREDENTIALSの設定
6. Client Libraryのインストール
7. Pythonサンプルプログラムの実行

順を追ってセットアップを進めていきます。

「1. プロジェクトの開始」「2. Cloud Platformの有効化」は、Google Platformを使用するに当たって、設定するプロジェクトや課金（一定量以下なら無料）の登録です。これらは既にChapter 5で作業済みです。

「3.Cloud Vision APIの有効化」を行います。Google Platform上でVision APIを有効化します。次ページ（https://console.cloud.google.com/apis/library/vision.googleapis.com）にアクセスして、「有効にする」ボタンをクリックします。

● Google Cloud Vision APIの有効化（https://console.cloud.google.com/apis/library/vision.googleapis.com）

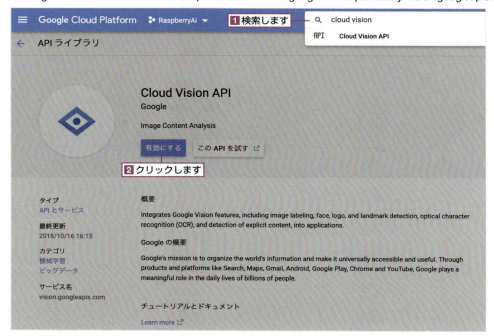

「4. 認証情報の設定」「5. 環境情報の設定」も、Chapter 7のSection 7-2（p.230）で行なった、認証情報のダウンロードとその適用です。もしSection 7-2で認証情報の生成とダウンロードを行っていない場合は、次のページ（https://console.cloud.google.com/apis/credentials）にアクセスして、Google Platformの認証ファイルのダウンロードを行います。

●認証情報（サービスアカウントキー）の生成

●認証情報（秘密鍵）のダウンロード

ダウンロードした認証JSONファイルを、Raspberry Piへ転送します。

exportコマンドで、認証ファイルを環境変数として読み込ませます。現在のログイン中のみ有効なので、Raspberry Piを再起動した場合などは、再度ファイルを読み込ませる必要があります。

```
$ export GOOGLE_APPLICATION_CREDENTIALS=/home/pi/xxx.json
```

「6. Client Libraryのインストール」を行います。以下のようにpipコマンドでインストールを実行します。

```
$ pip install --upgrade google-cloud-vision
```

上記方法は直接Google Visionをインストールしていますが、Chapter 7でダウンロードしたGoogleサンプルファイル群の中のrequiments.txtファイルを使う方法もあります。

```
$ pip git clone https://github.com/GoogleCloudPlatform/python-docs-samples.git
```

このサンプルプログラムをダウンロードしたディレクトリ内に「vision」ディレクトリがあります。

```
$ ls ~/Programs/python-docs-samples
AUTHORING_GUIDE.md      compute             iam                 run
CONTRIBUTING.md         conftest.py         iap                 scheduler
ISSUE_TEMPLATE.md       container_registry  iot                 scripts
LICENSE                 datacatalog         jobs                spanner
MAC_SETUP.md            dataflow            kms                 speech
README.md               datalabeling        kubernetes_engine   storage
appengine               dataproc            language            tables
asset                   datastore           logging             tasks
auth                    dialogflow          memorystore         testing
bigquery                dlp                 ml_engine           texttospeech
bigquery_storage        dns                 monitoring          third_party
bigtable                endpoints           notebooks           trace
blog                    error_reporting     noxfile.py          translate
cdn                     favicon.ico         opencensus          video
cloud-sql               firestore           profiler            vision
codelabs                functions           pubsub
composer                healthcare          pytest.ini
```

　visionディレクトリ内のcloud-client/quickstartディレクトリ内にあるrequirements.txtを使用して、まとめてライブラリをインストールします。quickstartディレクトリ内に移動するか、ファイルのパス（~/Programs/python-docs-samples/vision/cloud-client/quickstart/requirements.txt）を指定して、pipコマンドで必要ライブラリをインストールします。

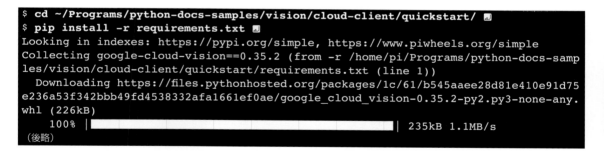

　「7. Pythonサンプルプログラムの実行」クイックスタートページに記載されている、Pythonサンプルプログラムを実行してみましょう。Google Visionのラベル検出を試すことができます。

●ラベル検出のサンプルプログラム
（https://cloud.google.com/vision/docs/quickstart-client-libraries#client-libraries-install-pythonZ）

これと同様のものが、先ほどのpython-docs-samples/vision/cloud-client/quickstart.pyとしてダウンロードされています。サンプルプログラムをviで編集します。

```
$ vi ~/Programs/python-docs-samples/vision/cloud-client/quickstart/quickstart.py
```

サンプルプログラムの35行目付近を編集します。サンプルではresources/wakeupcat.jpgという画像を読み込むようになっていますが、それをコメントアウト（「#」を付ける）して、先ほど撮影したimage.jpgを使うように修正します。

●quickstart.pyプログラムを、image.jpgを読み込むように修正する

quickstart.py

```
（前略）
    # Instantiates a client
    # [START vision_python_migration_client]
    client = vision.ImageAnnotatorClient()
    # [END vision_python_migration_client]

    # The name of the image file to annotate
    file_name = os.path.abspath('image.jpg') #'resources/wakeupcat.jpg')
                                 └─────────┘ └──────┘
                                              追記します
    # Loads the image into memory
（後略）
```

先ほど撮影したマグカップ画像（image.jpg）をquickstartディレクトリへコピーして、プログラムを実行します。Googleのenv環境をアクティベイトし、認証情報もexportします。

```
$ cp image.jpg ~/Programs/python-docs-samples/vision/cloud-client/quickstart/ ⏎
$ source ~/env/bin/activate ⏎
(env) $ export GOOGLE_APPLICATION_CREDENTIALS=/home/pi/RaspberryAi0ebb5e021dba.json ⏎
```

quickstart.pyを実行すると、先ほど撮ったマグカップ画像を読み込みます。数秒後に、MugやWhite、Cupなどのラベル（物体）が認識されました。

●image.jpg画像とそれをGoogle Visionで読み取った結果

Google Visionによる画像認識が利用できました。

## Section 8-3　翻訳機能Google Translateの設定

画像解析ができるようになったので、英語の結果を日本語に変換するようにします。Googleの翻訳API、Goolge Translation APIを設定して行きます。

### Googleの翻訳機能

　機械翻訳には、ローカル上に辞書を持って行うものや、クラウド上での自動翻訳など、様々なものがあります。中でもGoogle翻訳（https://translate.google.com/）は、クラウド上のニューラルネットワークを使うことで、飛躍的にその翻訳性能を向上させてきました。文章を単語ごとに変換するのではなく、一文をまとめて翻訳できるので、意味のある文章に変換してくれます。また検索技術などを使って言語を収集し、数十カ国の言語に対応しています。

●Google翻訳（https://translate.google.com/）

　ここでは、そのGoogle翻訳をクラウドからPythonベースで呼び出せる**Google Translation API**を使います。Raspberry Piに翻訳機能をインストールし、写真で撮った画像解析の結果を日本語などに翻訳できるようにします。

## ▶ Google Translateの有効化、認証情報の取得

まず、Google Translatation APIを有効化します。これまでと同様に、Google Cloud ConsoleでTranslateを有効化します。

● Google Translation API（https://console.cloud.google.com/apis/api/translate.googleapis.com/）

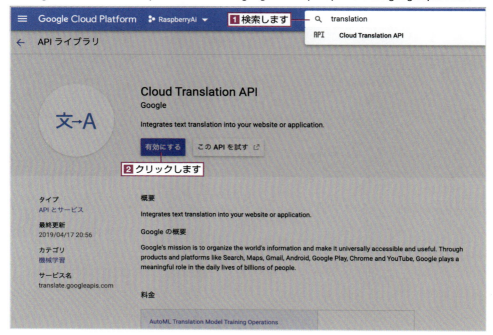

> **NOTE**
>
> 認証情報（サービスアカウントキー）の生成と Raspberry Pi への転送
>
> Section 7-2（p.230）でGoogle Cloud Consoleの認証情報（サービスアカウントキー）の生成を行っていない場合は、ここで実行してRaspberry Piへ転送しておきます。

## 必要ライブラリのインストール

　Translateに必要なライブラリをインストールします。pipコマンドでgoogle-cloud-translateを直接インストールする方法と、Googleサンプルプログラム群を使う方法の2通りあります。

● **Translateライブラリのインストール**

google-cloud-translateを直接インストールするコマンドは次のとおりです。

```
$ pip install --upgrade google-cloud-translate
```

　Googleのpython-docs-samples内のtranslateのrequirements.txtファイルを使ったインストール方法は次のとおりです。cdコマンドで ~/Programs/python-docs-samples/translate/cloud-clientディレクトリへ移動するか、ファイルのパスを指定して、次のようにコマンドを実行します。

Chapter ▶ 8 | AIカメラを作ろう！

● Google Translateの必要ライブラリのインストール

```
$ cd ~/Programs/python-docs-samples/translate/cloud-client
$ pip install -r requirements.txt
Looking in indexes: https://pypi.org/simple, https://www.piwheels.org/simple
Collecting google-cloud-translate==1.4.0 (from -r requirements.txt (line 1))
  Downloading https://files.pythonhosted.org/packages/3c/32/85fd03afd26bcf246606c05
21ba9639fc30c1a31d7b91f3e6e7b65d2b82b/google_cloud_translate-1.4.0-py2.py3-none-an
y.whl (47kB)
    100% |████████████████████████████████| 51kB 1.5MB/s
Collecting google-cloud-storage==1.14.0 (from -r requirements.txt (line 2))
  Downloading https://files.pythonhosted.org/packages/b6/e9/06d9bb394fddbc62bb9c645
f5e1c927128930a249d0c6a7491c3f31a9ff4/google_cloud_storage-1.14.0-py2.py3-none-any.
whl (60kB)
    100% |████████████████████████████████| 61kB 1.9MB/s
（後略）
```

　インストールが完了したら、Google Translateのサンプルプログラムを実行してみます。認証ファイルの環境
変数への適用とenv環境のアクティベイトを行ってから、~/Programs/python-docs-samples/translate/cloud-
clientディレクトリ内にあるquickstart.pyプログラムを、pythonコマンドで実行します。

```
$ export GOOGLE_APPLICATION_CREDENTIALS=/home/pi/xxx.json
$ source ~/env/bin/activate
$ python quickstart.py
quickstart.py
Text: Hello, world!
Translation: こんにちは世界！
```

　ファイル内に書かれた「Hello,world!」を日本語に翻訳できました。サンプルプログラム内のtext部分を変更す
れば、他のファイルの翻訳も可能です。正確に翻訳されるか色々試してみてください。


## ▶ 画像解析結果を翻訳

　Section 8-2で画像解析結果で表示された英語を、このTranslateで日本語に翻訳してみます。ホームディレク
トリのProgramsディレクトリ内にvisionディレクトリを作成し、そこへSection 8-2で使ったプログラム（~/
Programs/python-docs-samples/vision/cloud-client/quickstart/quickstart.py）をquick_translate.pyという
ファイル名でコピー（複製）して、Translate機能を追加します。

```
$ mkdir ~/Programs/vision
$ cp ~/Programs/python-docs-samples/vision/cloud-client/quickstart/quickstart.py ~/
Programs/vision/quick_translate.py
$ vi quick_translate.py
```

284

quick_translate.pyに次の枠内の記述を追記します。プログラムが始まる16行目付近に以下のtranslate関数を追加します。

● quick_translate.py 追加部分

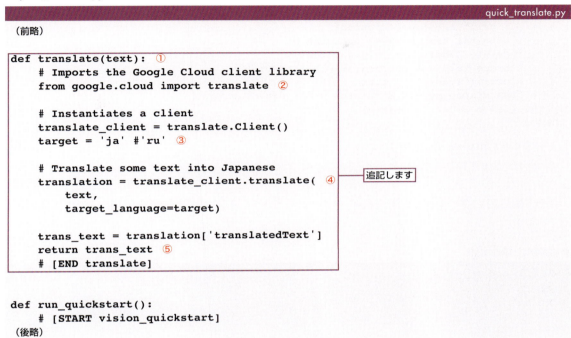

```
                                                              quick_translate.py
（前略）

def translate(text):   ①
    # Imports the Google Cloud client library
    from google.cloud import translate   ②

    # Instantiates a client
    translate_client = translate.Client()
    target = 'ja' #'ru'   ③

    # Translate some text into Japanese
    translation = translate_client.translate(   ④
        text,
        target_language=target)

    trans_text = translation['translatedText']
    return trans_text   ⑤
    # [END translate]


def run_quickstart():
    # [START vision_quickstart]
（後略）
```

① translateファンクションを追加します。textというパラメータを使います。
② Google Translateライブラリをインポートします。
③ ターゲット言語をja（日本語）に設定します。
④ textがあったなら、それをtarget_language（ja）に翻訳するようにします。
⑤ 翻訳結果を返します。

Chapter ▶ 8 | AIカメラを作ろう！

quick_translate.py

```
（前略）
    labels = response.label_annotations
    print('Labels:')
    for label in labels:
        # print(label.description)
        original_text = label.description    ⑥
        print("Label: " + original_text)
        trans_text = translate(original_text)    ⑦
        print("Trans: " + trans_text)
    # [END vision_python_migration_label_detection]
# [END vision_label_detection]
（後略）
```

追記します

⑥ 画像解析結果をoriginal_textに入れます。

⑦ original_textを翻訳した結果をtrans_textにして表示します。

　このプログラムを実行します。Raspberry Piのカメラで撮ったマグカップの映像をimage.jpgとして読み込ませています。

● 物体判定と翻訳の結果

```
(env) $ python quick_translate.py ⏎
Labels:
Label: Mug
Trans: マグ
Label: White
Trans: 白い
Label: Tableware
Trans: 食器
Label: Drinkware
Trans: ドリンクウェア
Label: Cup
Trans: カップ
```

　英語で表示した画像解析結果を、日本語に翻訳して表示できるようになりました。

　次は、物体判定だけでなく、外国語の文字検出を行い、それを日本語にするようにします。またRaspberry Piで撮った写真をそのまま解析、翻訳できるようなPythonプログラムを作り上げます。

Section 8-4 | カメラのプログラム作成

## Section 8-4 ▶ カメラのプログラム作成

画像解析、翻訳機能をセットアップできたので、全てを組み合わせた Python プログラムを作成します。TTS（人工音声合成）も使って、写ったものを日本語で発話するようにもします。

### ▶ マルチ画像解析プログラム

Google の Vision サンプルプログラムの中に、様々な画像解析ができる detect.py プログラムがあります。各パラメータを指定すると、様々な画像解析を行えます。

~/Programs/python-docs-samples/vision/cloud-client ディレクトリにプログラムとサンプル画像があるので、ディレクトリごと ~/Programs/vision ディレクトリへコピーして使ってみましょう。

```
$ cp -r ~/Programs/python-docs-samples/vision/cloud-client ~/Programs/vision ↵
$ cd ~/Programs/vision ↵
$ vi detect.py ↵
```

プログラム内に、利用できるパラメータと使い方の参考が記載されています。

detect.py

```
（前略）
""This application demonstrates how to perform basic operations with the
Google Cloud Vision API.

Example Usage:
python detect.py text ./resources/wakeupcat.jpg
python detect.py labels ./resources/landmark.jpg
python detect.py web ./resources/landmark.jpg
python detect.py web-uri http://wheresgus.com/dog.JPG
python detect.py web-geo ./resources/city.jpg
python detect.py faces-uri gs://your-bucket/file.jpg
python detect.py ocr-uri gs://python-docs-samples-tests/HodgeConj.pdf \
gs://BUCKET_NAME/PREFIX/
python detect.py object-localization ./resources/puppies.jpg
python_detect.py object-localization-uri gs://...
（後略）
```

パラメータを変更することで、次のような画像解析ができます。

Chapter
**8**

AIカメラを作ろう！

287

- **labels パラメータ**：写っている物体（label）の判別を行います。
- **text パラメータ**：文字の識別を行います。
- **faces パラメータ**：顔が写っているかどうか、喜びや悲しみの表情の判定を行います。
- **web パラメータ**：写真からインターネットでの画像検索を行い、その結果を表示します。

　各パラメータを使ってdetect.pyプログラムを実行してみます。サンプル画像がcloud-client/resourcesディレクトリ内に格納されているので、それをテスト実行に使用します。まずいつものように、認証ファイルの適用とアクティベイトを行います。

```
$ export GOOGLE_APPLICATION_CREDENTIALS= "/home/pi/xxx.json"
$ source ~/env/bin/activate
```

## ▶ labelsパラメータを使った物体検出

　labelsパラメータは、Section 8-2、8-3でも使った物体（label）検出です。resourcesディレクトリ内にある画像ファイルlandmark.jpgを読み込ませてみます。

```
(env) $ python detect.py labels resources/landmark.jpg
```

● landmark.jpg画像

　Arch（門）やArchitecture（建築物）など、写っているのが何であるか（label）を判別しています。

● labelsパラメータを使った結果

```
(env) $ python detect.py labels resources/landmark.jpg
Labels:
Arch
Architecture
```

```
Landmark
Triumphal arch
Ancient roman architecture
Monument
Building
```

## textパラメータを使った文字認識

文字識別のtextパラメータを使用します。text.jpgというパソコン画面の画像を使用してみます。

```
(env) $ python detect.py text resources/text.jpg
```

● text.jpg画像

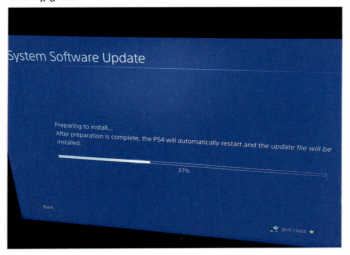

ブルースクリーンに表示された英語の文字「System Software Update」などを読み取っています。

```
(env) $ python detect.py text resources/text.jpg
Texts:

"System Software Update
Preparing to install..
After preparation is complete, the PS4 will automatically restart and the update
file will be
installed
37%
Back
gus class
"
bounds: (0,181), (1352, 181),(1352,982), (0,982)
```

```
"System"
bounds: (2,181),(155, 186),(153, 245),(0,241)

"Software"
bounds: (176,192), (379, 198), (378,241),(175,235)
```

手書きの文字も読み取れます。handwritten.jpgを使って、ノートに書いた文字を読み取ってみましょう。

●handwritten.jpg画像

●textパラメータを使って手書き文字を読み取った結果

```
(env) $ python detect.py text resources/handwritten.jpg
Texts:

"Thir i a handlwitten wessage
to uie with 40ayle Cdeud
Platern To demensate the cayabiltits
of the Cloud Vision API e detectE
handwwrlthen text
"
bounds: (62,259), (1105, 259),(1105,694),(62,694)
"Thir"
bounds: (74,259
```

## ▶ facesパラメータを使った顔検出

facesパラメータを使って「anger（怒り）」「joy（喜び）」「surprise（驚き）」の判定を行います。サンプルの写真は、ちょっと面白い写真（face_no_surprise.jpg）を使いました。

```
(env) $ python detect.py faces resources/face_no_surprise.jpg ⏎
```

● face_no_surprise.jpg画像

表情の程度を「anger（怒り）= POSSIBLE（恐らくそうらしい）」「surprise（驚き）= LIKELY（それらしい）」のように判定しています。また写真内で顔が写っている場所を座標で示しています。

● facesパラメータを使って顔を読み取った結果

```
(env) $ python detect.py faces resources/face_no_surprise.jpg
Faces:
anger: POSSIBLE
joy: POSSIBLE
surprise: LIKELY
face bounds: (105,460), (516,460), (516,938),(105,938)
```

## webパラメータを使ったウェブ画像検索

webパラメータを使うと、写っている物体が何であるかを、Google画像検索を使って表示します。

```
(env) $ python detect.py web resources/landmark.jpg
```

landmark.jpg画像を読み込ませると、「凱旋門である可能性が40%」と出ました。

●webパラメータを使った結果

```
$ python detect.py web resources/landmark.jpg

Best guess label: palace of fine arts

9 Web entities found:

        Score       : 0.40489888191223145
        Description: Triumphal arch

        Score       : 0.3658500015735626
        Description: The Palace of Fine Arts

        Score       : 0.3632029592990875
        Description: Ancient Rome
```

web-geoパラメータを使うと、写真に写っている場所の情報を探します。

```
(env) $ python detect.py web-geo resources/city.jpg
```

●city.jpg画像

この写真の街は「Google Tel Avivである可能性が30%」との結果が返ってきました。

●web-geoパラメータを使った結果

```
(env) $ python detect.py_web-geo resources/city.jpg
        Score       : 0.30470001697540283
        Description: Google Tel Aviv

        Score       : 0.2107050120830536
```

Section 8-4 | カメラのプログラム作成

```
        Description: Jaffa

        Score      : 0.20665107667446136
        Description: Metropolitan area
```

## 画像解析と翻訳機能を組み合わせる

サンプルで使用したdetect.pyに、Section 8-3でインストールした翻訳機能を追加します。これまでは Google Visionで返ってくる答えが英語でしたが、それを日本語に変換します。また、英語などの外国語の文字を読み取った時に、それを日本語に翻訳するようにします。

detect.pyプログラムをdetect_translate.pyとしてコピー（複製）して、viで編集してTranslate機能を追加します。

```
$ cp detect.py detect_translate.py ⏎
$ vi detect_translate.py ⏎
```

● detect_translate.pyへの追記

detect_translate.py

```
（前略）
import re

def translate(text):  ①
    # [START translate_quickstart]
    # Imports the Google Cloud client library
    from google.cloud import translate  ②

    # Instantiates a client
    translate_client = translate.Client()

    # The text to translate

    # The target language
    target = 'ja' #'ru'

    # Translates some text into Russian
    translation = translate_client.translate(
        text,
        target_language=target)

    # [START vision_face_detection]
    def detect_faces(path):
    trans_text = translation['translatedText']
    return trans_text
    # [END translate]
```

追記します

Chapter
**8**

Ａ カメラを作ろう！

次ページへ

293

Chapter ▶ 8 | AIカメラを作ろう！

```
# [START vision_face_detection]
def detect_faces(path):
    """Detects faces in an image."""
（後略）
```

① text（翻訳対象語）をパラメータとして読み込む、translate ファンクションを追加します。

② Translate ライブラリをインクルードします。

60行目付近の「for face in faces:」に次のように笑顔判定のプログラムを追記します。

**detect_translate.py**

```
（前略）

    for face in faces:
        print('anger: {}'.format(likelihood_name[face.anger_likelihood]))
        print('joy: {}'.format(likelihood_name[face.joy_likelihood]))
        print('surprise: {}'.format(likelihood_name[face.surprise_likelihood]))

        smile = likelihood_name[face.joy_likelihood]  ③
        if smile in ['VERY_LIKELY', 'LIKELY', 'POSSIBLE']:  ④
            smile_text = '笑顔を発見しました！'
            print(smile_text)

        vertices = (['({},{})'.format(vertex.x, vertex.y)
                    for vertex in face.bounding_poly.vertices])
```

追記します

**笑顔判定部分の説明**

③ face.joy_likelihood（喜んでいるかどうか）をsmileと定義します。

④ smileが、一定以上（POSSIBLE, LIKELY, VERY LIKELY）だったら「笑顔を発見しました！」と表示します。

続いて140行目付近の「for label in labels:」に、物体判定結果を翻訳するプログラムを追記します。

294

Section 8-4 | カメラのプログラム作成

detect_translate.py

```
（前略）

# [START vision_label_detection]
def detect_labels(path):
    """Detects labels in the file."""

（中略）

    print('Labels:')

    for label in labels:

        original_text = label.description  ⑤
        print("Label: " + original_text)
        trans_text = translate(original_text)  ⑥
        print("Trans: " + trans_text)

    # [END vision_python_migration_label_detection]
# [END vision_label_detection]

（後略）
```

追記します

### 物体判定部分の説明

⑤ label.description（物体判定結果）をoriginal_textとします。

⑥ original_textにtranslateファンクションを実行して、日本語に変換します。

330行目付近の「for text in texts:」に、文字読み取り結果を翻訳するプログラムを追記します。

detect_translate.py

```
（前略）

    print('Texts:')

    for text in texts:
        #print('\n"{}"'.format(text.description))

        original_text = text.description  ⑦
        print("Text: " + original_text)
        trans_text = translate(original_text)
        print("Trans: " + trans_text)

        vertices = (['({},{})'.format(vertex.x, vertex.y)
                    for vertex in text.bounding_poly.vertices])

（後略）
```

追記します

Chapter

8

カメラを作ろう！

295

Chapter 8 | AIカメラを作ろう！

### 文字解析

⑦ text.description（文字読み取り結果）にtranslateファンクションを実行して、日本語翻訳します。

プログラムの修正が完了したら、実行してみましょう。
プログラムの実行は、detect.py同様にパラメータと画像を指定して行います。

```
(env) $ python detect_translate.py labels resources/landmark.jpg ⏎
```

labelsパラメータでは、先ほどの結果を1つずつ、日本語に翻訳して表示します。

●detect_translate.pyのlabelsパラメータでの結果

```
(env) $ python detect_translate.py labels resources/landmark.jpg ⏎
Labels:
Label: Arch
Trans: アーチ
Label: Architecture
Trans: 建築
Label: Landmark
Trans: ランドマーク
Label: Triumphal arch
Trans:凱旋門
Label: Ancient roman architecture
Trans: 古代ローマ建築
Label: Monument
Trans: 記念碑
Label: Building
Trans: 建物
Label: Classical architecture
Trans:古典建築
Label: Sky
Trans: 空
Label: Historic site
Trans: 史跡
```

textパラメータを指定して、文字認識を日本語変換させます。英語の文字読み取りを、文脈も捉え日本語に翻訳しています。

●detect_translate.pyのtextパラメータでの結果

```
(env) $ python detect_translate.py text resources/ text.jpg ⏎
Texts:
Text: System Software Update
Preparing to install..
After preparation is complete, the PS4 will automatically restart and the update fi
le will be
installed
37%
```

Section 8-4 | カメラのプログラム作成

```
Back
gus class

Trans: システムソフトウェアアップデートインストールの準備..準備が完了すると、PS4が自動的に再起動し、更新ファイルが
インストールされます 37% バックガスクラス
bounds: (0,181), (1352, 181), (1352,982), (0,982)
Text: System
Trans: システム
bounds: (2,181), (155,186), (153, 245),(0,241)
Text: Software
Trans: ソフトウェア
bounds: (176,192),(379,198),(378, 241),(175,235)
Text: Update
Trans: 更新
bounds: (398, 198), (571,203),(569,256),(396, 251)
Text: Preparing
Trans: 準備
bounds: (200,502), (310,507),(309,532),(199,527)
```

　顔判別と日本語テキストを加えて実行します。ここでは、joyがPOSSIBLE以上だと「笑顔を発見しました！」
と判定するようにしていますが、それを表示しています。

●detect_translate.pyのfacesパラメータでの結果

```
(env) $ python detect_translate.py faces resources/face_no_surprise.jpg ⏎
Faces:
anger: POSSIBLE
joy: POSSIBLE surprise: LIKELY
笑顔を発見しました！
face bounds: (105,460),(516,460),(516,938),(105,938)
```

## ▶ TTS機能と合わせて、解析結果を日本語で読み上げ

　最後に、Chapter 7のSection 7-3で解説したTTS（人工音声合成）のAquesTalkを使用して、解析結果を発
話するようにします。Section 7-3で解説した内容を実行していれば不要ですが、もしAquesTalkを導入してい
ない場合は、次のようにProgramsディレクトリ内にAquesTalk Piのプログラムをダウンロードし、aquestalkpi
ディレクトリ内に展開しておきます。

```
$ cd ~/Programs/ ⏎
$ wget http://www.a-quest.com/download/package/aquestalkpi-20130827.tar.gz ⏎
$ tar zxvf aquestalkpi-20130827.tgz ⏎
```

　AquesTalkを使って、解析結果を読み上げるプログラムをdetect_translate.pyに追加します。

Chapter 8 | AIカメラを作ろう！

● detect_translate.pyの追加部分

detect_translate.py
```
（前略）
import re

import os
dir_aquest    = '/home/pi/Programs/aquestalkpi/'  ①
CARD  = 0  ②
DEVICE= 0
VOLUME= 80

（後略）
```

① AquesTalkが格納されたディレクトリを指定します。

② スピーカーがつながれたカード番号、デバイス番号などを指定します。

Section 8-4（p.294）で追記した笑顔判定プログラム（60行目付近）に次のように追記します。

detect_translate.py
```
（前略）
        smile = likelihood_name[face.joy_likelihood]
        if smile in ['VERY_LIKELY', 'LIKELY', 'POSSIBLE']:
            smile_text = '笑顔を発見しました！'
            print(smile_text)
            os.system(dir_aquest + 'AquesTalkPi -g {} {} | aplay -D plughw:{},{}'.⏎
format(VOLUME, smile_text, CARD, DEVICE))  ③

（後略）
```
追記します

③ smile_text（笑顔判定結果）を読み上げます。

Section 8-4（p.295）で追記した物体判定結果を翻訳するプログラム（140行目付近）と、Section 8-4（p.295）で追記した文字読み取り結果を翻訳するプログラム（330行目付近）に次のように追記します。

detect_translate.py
```
（前略）
    for label in labels:
        original_text = label.description
        print("Label: " + original_text)
        trans_text = translate(original_text)
        print("Trans: " + trans_text)
        os.system(dir_aquest + 'AquesTalkPi -g {} {} | aplay -D plughw:{},{}'.⏎
format(VOLUME, trans_text, CARD, DEVICE))  ④

（中略）
```
追記します

**Section 8-4** | カメラのプログラム作成

```
                                                                    detect_translate.py
（前略）
    for text in texts:
        #print('\n"{}"'.format(text.description))
        original_text = text.description
        print("Text: " + original_text)
        trans_text = translate(original_text)
        print("Trans: " + trans_text)
        os.system(dir_aquest + 'AquesTalkPi -g {} {} | aplay -D plughw:{},{}'.↵
format(VOLUME, trans_text, CARD, DEVICE))  ④

（後略）
```
追記します

④ trans_text（物体判定結果など）を読み上げます。


　Raspberry Piにスピーカーを接続して、TTSを設定したプログラムを実行してみましょう。スピーカー接続して音声を出力する際の確認方法などは、Sectiopn 4-3（p.115）を参照してください。

　次の実行例では、face（笑顔判定）を使ってみました。

```
(env) $ python detect_translate.py faces resources/face_no_surprise.jpg ↵
```

　判別結果「笑顔を発見しました！」がスピーカーから発話されたら成功です。

● **TTSを追加したdetect_translate.pyプログラムの結果**

```
(env) $ python detect_translate.py faces resources/face_no_surprise.jpg ↵
Faces:
anger: POSSIBLE
joy: POSSIBLE
surprise: LIKELY
笑顔を発見しました！
再生中 WAVE 'stdin' : Signed 16 bit Little Endian, レート 8000 Hz, モノラル
face bounds: (105,460), (516,460), (516,938), (105,938)
```

　写真の画像解析を行い、抽出したテキストの日本語翻訳、そして読み上げ機能までを実装できました。

　次のSectionでは、これまで実装したものをカメラ型にして、シャッターを押して写真を撮り、写っているものを読み上げるAIカメラにします。

# Section 8-5 ▶ AIカメラの完成

AIでの画像解析や翻訳機能ができたので、いよいよカメラとしての筐体を作ります。シャッターをつけ、押した回数によって、解析方法を変えられるようにします。撮った写真をLINEで送るなどして、AIカメラを完成させます。

## ▶ AIカメラ作成に必要な部品

前節までで画像を使ったAI機能ができたので、Raspberry Piに各部品を付けてAIカメラにします。

必要な部品とその一覧です。Raspberry Pi本体にRaspberry Pi純正カメラモジュールです。それ以外にはこれまでの音声デバイスのように、Raspberry Piにシャッターとなるスイッチや発声させるスピーカーなどを接続します。

● AIカメラのハードウェア部品

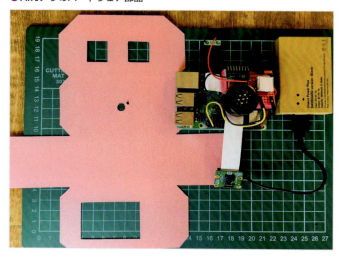

**利用部品**

- Raspberry Pi Camera V2 ……… 1個
- 小型スピーカー
  （ブレッドボード用ダイナミックスピーカー）……… 1個
- アンプキット
  （TPA2006 超小型D級アンプキット）……… 1個
- オーディオジャック ……… 1個
- LED付きタクトスイッチ ……… 1個
- ミニブレッドボード ……… 1個
- ジャンパー線（オスーオス）……… 2本
- ジャンパー線（オスーメス）……… 4本
- 導線（ビニール線）……… 5本
- モバイルバッテリー ……… 1個
- USBケーブル ……… 1個
- カメラの外装（画用紙など）

AIカメラの完成形は、四角い箱に入った写真のようなものにしてみました。前面にカメラ（レンズ）、背面にはシャッターボタンとスピーカーを出しています。

●AIカメラの完成写真（前面）　　　　●AIカメラ背面

## ▶ カメラで写真撮影と画像解析

　ここまでは、既に撮られたサンプル写真を使って画像解析を行なっていました。このAIカメラでは、Raspberry Piにカメラモジュールを接続し、それで撮影した写真を自動的に画像解析するようにします。

●Raspberry Piに付けたカメラ

Chapter 8 | AIカメラを作ろう！

　Section 8-4で使用したdetect_translate.pyをdetect_camera.pyとしてコピー（複製）して、カメラと連動するプログラムを追記します。

```
$ cp detect_translate.py detect_camera.py
$ vi detect_camera.py
```

　detect_camera.pyの67行目付近に、次のように追記します。

● detect_camera.pyの追加部分

detect_camera.py

```
（前略）
trans_text = translation['translatedText']
return trans_text
# [END translate]

# image file definition
from datetime import datetime
dir_image    = '/home/pi/Programs/vision/image/'    ①

def camera():    ②
    now = datetime.now()
    dir_name = now.strftime('%Y%m%d')
    dir_path = dir_image + dir_name + '/'
    file_name= now.strftime('%H%M%S') + '.jpg'
    fname = dir_path + file_name    ③
    try:
    os.mkdir(dir_path)
    except OSError:
    print('Date dir already exists')
    os.system('sudo raspistill -w 640 -h 480 -o ' + fname)    ④
    return fname

# [START vision_face_detection]
def detect_faces(path):
（後略）
```

追記します

① 写真の格納ディレクトリを定義します。
② 写真を撮るcameraファンクションを作成します。
③ 写真ファイルの場所、名前を定義します。
④ 写真を撮影して保存します。

　さらに、800行目付近の「def run_local(args):」の後に次のように追記します。

302

Section ▶ 8-5 │ AIカメラの完成

detect_camera.py

```
（前略）

def run_local(args):

    # if path parameter is camera then take a picture by picamera
    if args.path == 'camera':   ⑤
    args.path = camera()
    print(args.path)

    if args.command == 'faces':
    detect_faces(args.path)
（後略）
```

追記します

⑤ もしファイルパス・パラメータがcameraだった場合、写真を撮影するようにします。

プログラムを実行する前に、写真を保存するimageディレクトリを ~/Programs/vision/ の中に作成します。

```
$ mkdir ~/Programs/vision/image ⏎
```

プログラム実行の際は、ファイルパスのパラメータにcameraを指定します。これにより、ファイルを指定することなく、Raspberry Piから写真を撮って、それを解析するようになります。

```
(env) $ python detect_camera.py labels camera ⏎
```

プログラムを実行すると、写真を撮って、日付の付いたディレクトリと時間別のjpgファイルを作っているのが分かります。

● labelsパラメータで物体判定の結果

```
(env) $ python detect_camera.py labels camera ⏎
/home/pi/Programs/vision/image/20190921/163408.jpg
Labels:
Label: Black
Trans: 黒
再生中 WAVE 'stdin' : Signed 16 bit Little Endian, レート 8000 Hz, モノラル
Label: T-shirt
Trans: Tシャツ
再生中 WAVE 'stdin' : Signed 16 bit Little Endian, レート 8000 Hz, モノラル
Label: Cool
Trans: クール
再生中 WAVE 'stdin' : Signed 16 bit Little Endian, レート 8000 Hz, モノラル
```

次の例では、facesとcameraを指定してプログラムを実行した結果、笑顔を判定しています。

Chapter
8

AIカメラを作ろう！

303

●facesパラメータを付けて、顔写真を撮った結果

```
$ python detect_camera.py faces camera
Date dir already exists
/home/pi/Programs/vision/image/20190921/163055.jpg
Faces:
anger: VERY_UNLIKELY
joy: VERY_LIKELY
surprise: VERY_UNLIKELY
笑顔を発見しました！
face bounds: (802,112), (2136,112), (2136,1664), (802,1664)
```

## ▶ 画像解析写真をLINEに送付

　写真を撮ったら、結果をすぐ見られるようにしたいと思います。メッセージングアプリ「**LINE**」に、カメラで撮影した写真と解析結果を添付して送付するようにします。Raspberry PiからLINEへ直接メッセージを送るには「**LINE Notify**」という仕組みを使います。

　次のURL（https://notify-bot.line.me）へアクセスして、LINE開発アカウントを取得してください。

●LINE Notify設定画面（https://notify-bot.line.me）

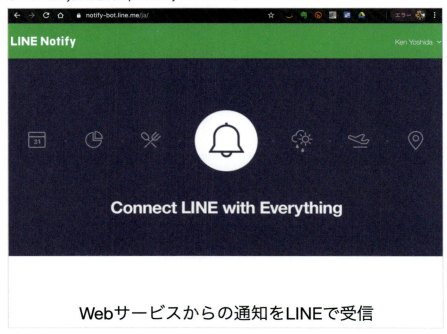

取得したアカウントでLINE Notifyにログインします。画面右上のユーザーメニューから「トークンを発行する」を選択します。ダイアログ画面が表示されるので、通知を送るトークルームを選びます。ここでは「1:1で通知を受け取る」を選択しています。

● トークンを発行するトークルームを選択する

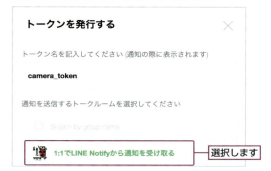

　トークンが発行されるので、これをコピーして保存しておいてください。このトークンは一度だけしか表示されないので、忘れたり、保存したテキストを無くしてしまった場合は、再度接続を作り直す必要があります。

● 発行されたトークン

● トークンが発行されると連携中サービスとして表示される

Chapter ▶ 8 | AIカメラを作ろう！

取得したトークンを使って、撮った写真をLINEに送付するプログラムを追加します。
まず、detect_camera.pyの87行目付近に、次のように追記します。

● detect_camera.pyへの追加部分

detect_camera.py

```
（前略）
default_max = 3
import requests
def send_line(message, fname):  ①
    url = "https://notify-api.line.me/api/notify"
    token = "xxx" #ここにトークンを入力  ②
    headers = {"Authorization" : "Bearer "+ token}

    message = "写真を撮りました！" if message == "" else message
    payload = {"message" :  message}  ③
    files = {"imageFile": open(fname, "rb")}  ④
    r = requests.post(url, headers = headers, params=payload, files=files)  ⑤
    print("LINE送信: " + r.text)

# [START vision_face_detection]                          追記します
def detect_faces(path):
（後略）
```

① message, textのパラメータをセットしたsend_lineファンクションを作ります。

② LINEで取得したトークンをここに設定します。

③ 画像解析結果のメッセージをセットします。

④ 撮られた写真ファイルをセットします。

⑤ メッセージとファイルをLINE NotifyにPostします。

Section 8-4のp.294で追記した笑顔判定のプログラム付近に、次のように追記します。

detect_camera.py

```
（前略）
    message = "顔判別結果："              追記します
    if smile in ['VERY_LIKELY', 'LIKELY', 'POSSIBLE']:
    smile_text = '笑顔を発見しました！'
    print(smile_text)
    os.system(dir_aquest + 'AquesTalkPi -g {} {} | aplay -D plughw:{},{}'.↩
format(VOLUME, smile_text, CARD, DEVICE))
    send_line(message+smile_text, path)  ⑥      追記します
（後略）
```

⑥ 笑顔判定の結果をLINEに送ります。

Section 8-4のp.295で追記した物体判定のプログラム付近に、次のように追記します。

306

**Section ▶ 8-5 | AIカメラの完成**

detect_camera.py

```
（前略）
    trans_concat = " 物体判別結果： "
    for i, label in enumerate(labels):    ⑦
    if label.score > 0.8:
    if i < default_max:
    original_text = label.description
    print("Label: " + original_text)
    trans_text = translate(original_text)
    print("Trans: " + trans_text)
    os.system(dir_aquest + 'AquesTalkPi -g {} {} | aplay -D plughw:{},{}'.⏎
format(VOLUME, trans_text, CARD, DEVICE))
    trans_concat += str(i) + "." + trans_text + " "    ⑧
    print(trans_concat)
    send_line(trans_concat, path)    ⑨
（後略）
```

⑦ 物体判別のスコアが0.8以上で、3つまで結果を返すようにしています。

⑧ 各物体判定結果をLINEのメッセージにします。

⑨ 物体判定の結果をLINEに送ります。

プログラムへの追記が完了したら、コマンドで実行してみましょう。

次の例は、物体判別（labels）を実行して、LINE送信しています。

● **物体判別の実行とLINE送信**

```
(env) $ python detect_camera.py labels camera Date dir already exists
/home/pi/Programs/vision/image/20190922/234022.jpg
Labels:
Label: Finger
Trans: 指
再生中 WAVE 'stdin' : Signed 16 bit Little Endian, レート 8000 Hz, モノラル
Label: Arm
Trans: 腕
再生中 WAVE 'stdin' : Signed 16 bit Little Endian, レート 8000 Hz, モノラル
Label: Shoulder
Trans: > ショルダー
再生中 WAVE 'stdin' : Signed 16 bit Little Endian, レート 8000 Hz, モノラル
物体判別結果： 0. 指 1. 腕 2. ショルダー
LINE送信： {"status":200,"message": "ok"}
```

次の例は、顔認識（face）を実行して、LINE送信しています。

● **顔認識の実行とLINE送信**

```
(env) $ python detect_camera.py faces camera
Date dir already exists
/home/pi/Programs/vision/image/20190922/234307.jpg
```

```
Faces:
anger: VERY_UNLIKELY
joy: VERY_LIKELY
surprise: VERY_UNLIKELY
笑顔を発見しました！
再生中 WAVE 'stdin' : Signed 16 bit Little Endian, レート 8000 Hz, モノラル
LINE送信 : {"status":200,"message":"OK"}
face bounds: (179,71),(394,71),(394,320), (179,320)
```

● LINEに送られた顔判別結果写真

## ▶ カメラのシャッターを付ける

写真を撮るためのシャッターボタンを、タクトスイッチを使って付け加えます。Section 7-5で使用したLED付きタクトスイッチをブレッドボードに接続します。LEDのアノードを黄色いジャンパー線でGPIO16に、カソードを黒でGNDにつなげます。スイッチ部分も同様にGPIO20とRaspberry Piの電源につなげます。

● Raspberry PiにLED付きタクトスイッチを接続

●Raspberry PiにLED付きタクトスイッチを接続した配線図

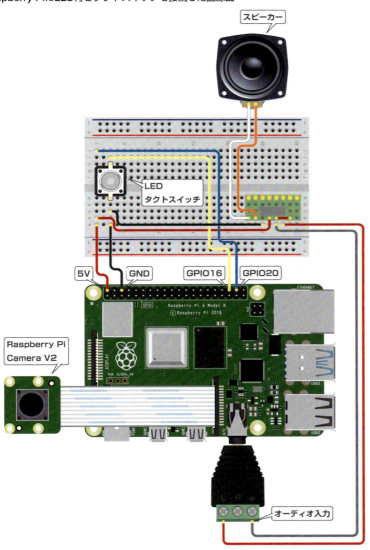

　ボタンが押された回数により、解析内容を変えるプログラムbutton_camera.pyを作ります。ボタンを1回押すと物体判別を行い、2回連続で押すと文字検出を行い、長押しすると顔検出を行うプログラムにします。
　button_camera.pyは ~/Programs/vision/ ディレクトリに保存します。

**Chapter ▶ 8** | AIカメラを作ろう！

● button_camera.pyプログラム

button_camera.py

```python
#!/usr/bin/env python
# -*- coding: utf-8 -*-
import time
import RPi.GPIO as GPIO
import subprocess


LED  = 16
BUTTON = 20
hold_time=1.5
detect_camera = "/home/pi/Programs/vision/detect_camera.py"  ①


GPIO.setmode(GPIO.BCM)
GPIO.setup(BUTTON, GPIO.IN, pull_up_down=GPIO.PUD_UP)
actions = ['python ' + detect_camera + ' faces camera', #長押しで顔検出  ②
        'python ' + detect_camera + ' labels camera', #ワンプッシュで物体検出  ③
        'python ' + detect_camera + ' text camera'] #ダブルプッシュで文字検出  ④


GPIO.add_event_detect(BUTTON,GPIO.FALLING)
while True:
        if GPIO.event_detected(BUTTON):  ⑤
        GPIO.remove_event_detect(BUTTON)
        now = time.time()
        count = 0
    GPIO.add_event_detect(BUTTON,GPIO.RISING)
        while time.time() < now + hold_time:
        if GPIO.event_detected(BUTTON):
        count +=1
        time.sleep(.3) # debounce time
    print(count)
        cmd = actions[count]  ⑥
    print(cmd)
        if cmd:
    subprocess.call(actions[count], shell=True)
        GPIO.remove_event_detect(BUTTON)
```

① detect_camera.pyの実行ファイルを指定します。

② ボタンを押した時のアクションを定義します。長押しで顔検出（facesパラメータ）を行います。

③ ボタンを一回押すと、物体検出（labelsパラメータ）を行います。

④ ボタンを二回連続で押すと、文字検出（textパラメータ）を行います。

⑤ ボタンが押されたことを検知します。

⑥ 押された回数に応じて、アクションを実行します。

## 全体を組み合わせて、AIカメラを完成させる

　全体を組み上げてAIカメラを完成させます。ここでは画用紙を使って、カメラの外装を作っています。前面にカメラを通す丸い穴、背面にスイッチなどを出す窓を開けています。

●画用紙で外装を作成

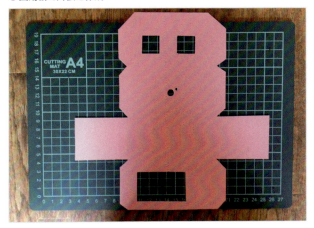

Raspberry Piにスイッチやスピーカー、バッテリーなどを一体化させ、外装に格納していきます。

●外装にRaspberry Piを格納していく

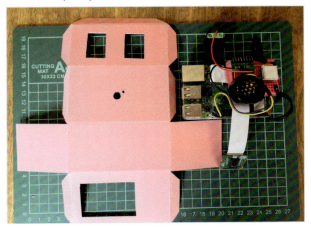

カメラを外装の前面に付けます。

Chapter ▶ 8 | AIカメラを作ろう！

● 外装にカメラを付けていく

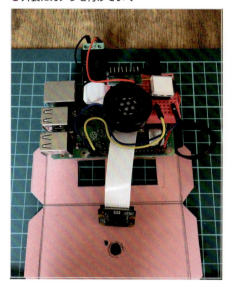
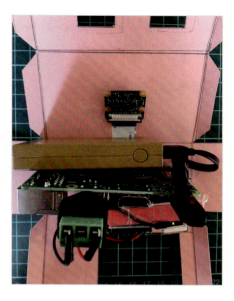

四角い箱状にして、Raspberry Piを格納していきます。スピーカー端子、USBケーブルを上から出します。

● 四角い箱にRaspberry Piを収納

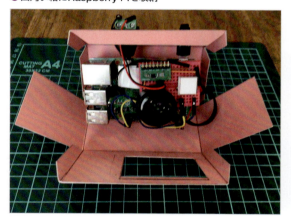
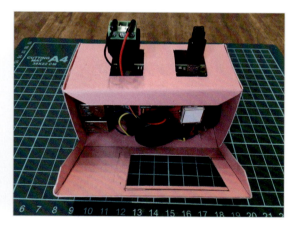

312

背面からスイッチ、スピーカーを出すようにしています。全体を組み上げると、このような形になります。

● 背面からスイッチ、スピーカーを出す

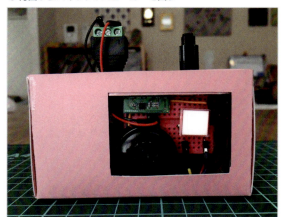

● 組み上がったAIカメラ

## ▶ 自動起動の設定

　Raspberry Piが起動すると、自動的にAIカメラプログラムを起動するようにします。
　Python3環境のアクティベイトや、認証ファイルの環境変数への読み込みなどを行うシェルスクリプト（aicamera.sh）と、そのシェルスクリプトをRaspberry Pi起動時に自動実行するサービスファイル（aicamera.service）を作成します。

● 認証ファイルの読み込みなどを行うシェルスクリプト　　　　　　　　　　　　　　　　　　aicamera.sh

```
#!/bin/bash --rcfile
source /home/pi/env/bin/activate
export GOOGLE_APPLICATION_CREDENTIALS=/home/pi/xxx.json
cd /home/pi/Programs/vision
echo "AI Camera is running!"
python button_camera.py
```

　「export GOOGLE_APPLICATION_CREDENTIALS=」にはSection 7-2（p.230）で入手した認証情報（サービスアカウントキー）のパスを指定します。aicamera.shは ~/Programs/vision/ ディレクトリに保存します。

● 自動実行するサービスファイル

```
                                                                    aicamera.service
Description=AI Camera
[Service]
ExecStart=/bin/bash /home/pi/Programs/vision/aicamera.sh
WorkingDirectory=/home/pi/Programs/vision/
Restart=always
User=pi
[Install]
WantedBy=multi-user.target
```

　自動起動用のサービスファイル（aicamera.service）を、/etc/systemd/system/ディレクトリへコピーします。/etcディレクトリ以下へのコピーには管理者権限が必要です。
　コピーしたら、systmctlコマンドで登録します。systmctlコマンドの実行にも管理者権限が必要です。「systemctl enable」でサービスを有効化し、「systemctl start」でサービスを開始します。「systemctl status」コマンドでステータスを確認できるので、activeとなっていたら自動登録完了です。

```
$ sudo cp aicamera.service /etc/systemd/system/
$ sudo systemctl enable aicamera.service
$ sudo systemctl start aicamera.service
$ sudo systemctl status aicamera.service
```

　これでAIカメラの準備は完了です。それでは、実際に使用してみましょう。Raspberry Piの電源を入れると、背面のLEDが短く点滅しはじめます。

● 全体が組み上がったAIカメラ

● シャッターボタンが赤く点滅します

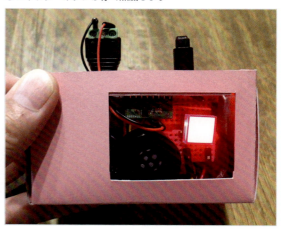

　シャッターを短く一回押してみましょう。写真を撮って、物体判別をします。

●ボタンを一回押して物体判別する

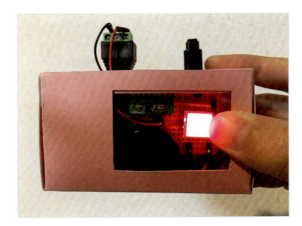

　右の例では、マグカップを撮影して、その物体判別の結果を読み上げています。また、LINEとの連携で、結果と写真をLINE送信しています。

　ボタンを二連続で押すと、文字認識を行います。次の例では、手書き文字も入った英語の賞状を読み込ませています。小さな文字も認識していますし、筆記体の英語も何とか読み取っています。

　英語に限らず、他の言語を撮っても、日本語に翻訳してくれます。海外旅行などで使ってみてもいいかもしれません。

●LINEに送られた物体判別結果

●手書き文字も入った英語の賞状

●LINEに送られた文字認識の結果

ボタンを1.5秒以上長押しして、顔を撮ってみましょう。撮影した顔が笑顔の場合、「笑顔を発見しました！」と言ってくれます。

●LINEに送られた顔判別の結果

様々なものを判別し、それを読み上げてくれたり、日本語に変換してくれるAIカメラができました。

Raspberry PiとAI技術を使うと、驚くようなデバイスを自分で作れることが、わかってもらえたのではないかと思います。

●手の平サイズのAIカメラ

# INDEX

## 数字・記号

| | |
|---|---|
| Ω | 102 |
| 3.3V | 85 |
| 5V | 85 |

## A

| | |
|---|---|
| Action Package | 192, 194 |
| AI | 15 |
| AIスピーカー | 19 |
| Alexa | 19 |
| alsamixer | 126 |
| Amazon Echo | 134 |
| amixer | 123, 126 |
| API | 17, 136 |
| aplay | 122, 123 |
| apt | 63, 74 |
| AquesTalk Pi | 236 |
| arecord | 97, 125 |
| ARM | 12 |
| Assistant API | 17 |
| AWS | 17 |
| Azure | 17 |

## C

| | |
|---|---|
| C | 79 |
| C++ | 79 |
| cd | 73 |
| Chromium | 45 |
| CLI | 43 |
| Cloud Platform | 137 |
| Cloud Speech-to-Text | 227 |
| Clova Friends | 134 |
| cp | 73 |
| CSI | 23 |

## D

| | |
|---|---|
| DCモーター | 180 |
| DSI | 24 |

## E

| | |
|---|---|
| else | 81 |
| export | 231 |

## F

| | |
|---|---|
| FET | 182 |

## G

| | |
|---|---|
| Github | 232 |
| GND | 85 |
| Google Assistant API | 189 |
| Google Cloud Platform | 17 |
| google-cloud-speech | 232 |
| Google Home | 19, 134 |
| Google Translation API | 281 |
| Google Vision API | 274 |
| gpio (コマンド) | 86 |
| GPIO | 24, 83, 84 |
| GPIO番号 | 85 |

## H

| | |
|---|---|
| HDMI | 23 |
| HDMIケーブル | 25 |
| HDMIポート | 83 |
| Hotword | 189 |

## I

| | |
|---|---|
| I²C | 85, 89 |
| if | 81 |
| import | 81 |
| IoT | 11 |

## J

| | |
|---|---|
| Java | 78 |
| JavaScript | 78 |

## L

| | |
|---|---|
| Leafpad | 44 |
| LED | 101 |
| LINE | 304 |
| LINE Notify | 304 |
| Linux | 12 |
| ls | 61 |
| lsusb | 125 |
| LXTerminal | 43 |

## M

| | |
|---|---|
| mailutils | 245 |
| microSDカード | 25 |
| mkdir | 72 |
| mv | 73 |

## N

| | |
|---|---|
| Node.js | 78 |
| NOOBS | 31 |

## O

| | |
|---|---|
| OS | 12, 30 |
| OSイメージ | 31 |

## P

| | |
|---|---|
| pwd | 72 |
| PWM | 83, 85, 88 |
| pyaudio | 254 |
| Python | 12, 78, 79 |
| Python2 | 79 |
| python3 (コマンド) | 151 |
| Python3 | 79 |

## R

| | |
|---|---|
| Raspbian | 12, 30 |
| Raspbian Buster | 30 |
| Raspbian Buster Lite | 32 |
| Raspbian Buster with desktop | 32 |
| Raspbian Buster with desktop and recommended software | 32 |
| Raspberry Pi Foundation | 10 |
| Raspberry Pi Software Configuration Tool | 48 |
| Raspberry Piの設定 | 46 |
| raspi-config | 46, 48 |
| raspistill | 273 |
| raspivid | 274 |
| RealVNC | 67 |
| reboot | 75 |
| ReSpeaker | 224 |
| ReSpeaker Mic Array | 27, 253 |
| rm | 74 |
| Ruby | 79 |

## S

| | |
|---|---|
| shutdown (コマンド) | 75 |
| Shutdown | 47 |
| SoC | 23 |
| speaker-test | 123 |
| SPI | 85, 90 |
| SSH | 43, 58, 59 |
| sSMTP | 245 |

317

| | |
|---|---|
| sudo | 74 |

## T

| | |
|---|---|
| Tensorflow | 20 |
| Tera Term | 59 |
| Text Editor | 44 |
| Text to Speech | 235 |
| TightVNC | 63 |
| touch | 73 |
| TPA2006 | 117 |
| Traits | 175 |
| TTS | 235 |

## U

| | |
|---|---|
| UART | 85, 90 |
| USBケーブル | 25 |
| USBポート | 23, 83 |
| USBマイク | 96 |

## V

| | |
|---|---|
| venv | 151 |
| vi | 76 |
| Vision API | 17 |
| VNC | 59, 63 |

## W

| | |
|---|---|
| Win32DiskImager | 33 |
| WiringPi | 86 |

## あ

| | |
|---|---|
| アクセサリ | 44 |
| アシスタント機能 | 16 |
| アナログ出力 | 83, 85 |
| アノード | 101 |
| アンプ | 117 |
| インターネット | 45 |
| エッジAI | 18 |
| エッジ・コンピューティング | 18 |
| オーディオジャック | 83 |
| オーディオ出力端子 | 23 |
| オーム | 102 |
| オペレーティングシステム | 12, 30 |
| 音声認識 | 15, 16 |

## か

| | |
|---|---|
| 学習データ | 20 |
| カスタムコマンド | 192 |
| 画像認識 | 15 |
| カソード | 101 |
| カメラスロット | 83, 91 |
| カメラモジュール | 23, 26 |

| | |
|---|---|
| カレントディレクトリ | 72 |
| 管理者権限 | 74 |
| 基本ソフト | 12, 30 |
| ギヤボックス | 181 |
| 極性 | 101 |
| コマンドモード (vi) | 76 |
| コンソール | 34 |

## さ

| | |
|---|---|
| 差動入力型 | 118 |
| 自動翻訳 | 15, 16 |
| ジャンパー線 | 101 |
| 条件文 | 81 |
| シリアル通信 | 83, 88 |
| シングルエンド型 | 118 |
| シングルボードコンピュータ | 10 |
| 人工音声 | 15, 16 |
| 人工知能 | 15 |
| スイッチ | 106 |
| スマートスピーカー | 19, 134 |
| スライドスイッチ | 107 |
| 設定 | 46 |

## た

| | |
|---|---|
| ターミナル | 43, 60 |
| タクトスイッチ | 107 |
| ダブルギヤボックス | 181 |
| 端子番号 | 84 |
| 端末 | 43 |
| 抵抗 | 102 |
| デジタル入出力 | 83, 85 |
| 電流効果トランジスタ | 182 |
| トグルスイッチ | 107 |

## な

| | |
|---|---|
| 入力モード (vi) | 76 |

## は

| | |
|---|---|
| 発光ダイオード | 101 |
| 汎用入出力 | 24, 83 |
| ファイルマネージャ | 44 |
| 物体認識 | 15 |
| プルアップ | 108 |
| プルダウン | 108 |
| ブレッドボード | 101 |
| プログラミング | 45 |
| 変数 | 81 |
| ホームディレクトリ | 72 |
| 補完機能 | 74 |
| ホスト名 | 49 |
| ボタンスイッチ | 107 |

## ま

| | |
|---|---|
| メイカームーブメント | 11 |
| モータードライバ | 183 |
| 文字コード | 80 |
| 文字認識 | 16 |
| モバイルバッテリー | 28 |

## ら

| | |
|---|---|
| ラズベリーパイ財団 | 10 |
| 履歴機能 | 74 |

# おわりに

　Raspberry PiとAIの電子工作、いかがだったでしょうか。
　Raspberry Piの基本的な扱い方から、センサー、ハードウェアの工作、そしてGoogle APIなどを使ったAI機能の使い方まで、盛り沢山の内容をご提供できたのではないかと思います。

　本書の中では、いわゆる「クラウド型AI」を数多く紹介しましたが、Raspberry Pi上でAIを動かす「エッジ型AI」も大きく注目されています。特に、2019年6月に「Rasoberry Pi 4 Model B」が発表されて、大容量のメモリを選ぶことができるようになり、それを後押ししています。
　Raspberry Piだけで顔認証を行ったり、AIデータの取得、学習、そして実行までをローカルで完結させるIoTデバイスを作ることができるようになってきました。
　まず、手軽に使えるクラウドAIを理解して興味を深め、そしてエッジ型AIにもチャレンジしていってもらえたらと思います。本書がその一助になれましたら嬉しい限りです。

　非常に個人的な事ですが、筆者の父は機械工学博士で大学等で教鞭を取り、ロボコンを主催したりしていました。その関係で、私も子供の頃から「ロボットやものづくりはいいものだ」と繰り返し言われていました。しかし、大学こそ理工学部に進んだのですが、何となくそれに反発し、仕事としては工学の道には進みませんでした。
　そんな私も子どもができて、小学生になった頃、個人ものづくりの潮流であるメイカームーブメントが盛り上がってきたのです。そこで、子どもと一緒に電子工作やロボット作りを始め、好きで続けているうちに、コンテストに出場したり、ウェブの記事で電子工作の連載を持つようになりました。その結果、個人ものづくりの祭典「Maker Faire Tokyo」に、親子三代で出展することができました。
　そうです。「ちょっとやりたいな」と思ったら、それが始めるときです。実際、筆者がそうだったように、「興味はあるけどどこから始めたらいいか分からない」「電子工作やプログラムをかじったけど最近やめてしまっている」そんな方のためにこの本を書きました。是非手にとって、手を動かして、電子工作を始めていってもらえたらな、と思います。

　Make It Yourself NOW!（いますぐ作り出そう！）

　　　　　　　　　　　　吉田顕一

## 著者紹介

### 吉田 顕一
よしだ けんいち

慶應義塾大学 理工学部機械工学科卒業。同大学院の宇宙関連研究で修士課程を修了後、大手ソフトウェア会社、米IT企業などに勤める。ArduinoやRaspberry Piを使った電子工作に出会い、小学生の子どもと共にIoT工作を始める。Maker FaireやCEATECなどの展示会に多数出展、もの作り、IoTコンテストなどでも各賞を受賞。大手メーカーWebサイトにて、Raspberry Piを使った電子工作に関する記事を連載中。2018年、LINE AwardsでIoT作品が入賞したことをきっかけに、現在LINE株式会社に所属。

---

**▌ サンプルプログラムダウンロード**

書籍内で解説したサンプルプログラムの一部などを、
次のサポートページよりダウンロードできます。
**▼本書のサポートページURL**
**http://www.sotechsha.co.jp/sp/1245/**

---

# Raspberry Pi ＋ AI
ラズベリー・パイ
## 電子工作超入門

---

2019年11月30日 初版 第1刷発行

| | | |
|---|---|---|
| 著　　　者 | | 吉田顕一 |
| カバーデザイン | | 広田正康 |
| 発　行　人 | | 柳澤淳一 |
| 編　集　人 | | 久保田賢二 |
| 発　行　所 | | 株式会社ソーテック社 |
| | | 〒102-0072　東京都千代田区飯田橋4-9-5　スギタビル4F |
| | | 電話（注文専用）03-3262-5320　FAX 03-3262-5326 |
| 印　刷　所 | | 大日本印刷株式会社 |

---

©2019 Kenichi Yoshida
Printed in Japan
ISBN978-4-8007-1245-5

---

本書の一部または全部について個人で使用する以外著作権上、株式会社ソーテック社および著作権者の承諾を得ずに無断で複写・複製することは禁じられています。
本書に対する質問は電話では受け付けておりません。また、本書の内容とは関係のないパソコンやソフトなどの前提となる操作方法についての質問にはお答えできません。
内容の誤り、内容についての質問がございましたら切手・返信用封筒を同封のうえ、弊社までご送付ください。
乱丁・落丁本はお取り替え致します。

本書のご感想・ご意見・ご指摘は
**http://www.sotechsha.co.jp/dokusha/**
にて受け付けております。Webサイトでは質問は一切受け付けておりません。